TURING 图灵新知

是怎么度过的

宙的一生

李学潜 贾连宝 著

人民邮电出版社
北京

图书在版编目（CIP）数据

宇宙的一生是怎么度过的 / 李学潜，贾连宝著. --
北京 ： 人民邮电出版社，2025.4
　（图灵新知）
　ISBN 978-7-115-64565-4

　Ⅰ. ①宇… Ⅱ. ①李… ②贾… Ⅲ. ①宇宙－普及读
物 Ⅳ. ①P159-49

中国国家版本馆CIP数据核字(2024)第111968号

◆ 著　　　李学潜　贾连宝
　责任编辑　赵　轩
　责任印制　胡　南
◆ 人民邮电出版社出版发行　　北京市丰台区成寿寺路 11 号
　邮编　100164　电子邮件　315@ptpress.com.cn
　网址　https://www.ptpress.com.cn
　北京天宇星印刷厂印刷
◆ 开本：880×1230　1/32
　印张：5.5　　　　　　　　2025 年 4 月第 1 版
　字数：85 千字　　　　　　2025 年 11 月北京第 2 次印刷

定价：59.80 元
读者服务热线：(010)81055370　　印装质量热线：(010)81055316
反盗版热线：(010)81055315

序：以最精细的眼光看最宏大的宇宙

两个月前，出版社的编辑邀请我为本书写序。通常，这种邀请我都会婉拒，因为我实在太忙了，更主要的是，我怕自己写不好，反而给书带来瑕疵。那我这一次为什么如此痛快地答应了呢？当然不是因为不忙了，也不是因为写作水平最近发生了相变……李学潜教授是我特别敬仰的物理学前辈，能够为李老师的书做点贡献是我的荣幸，况且借着写序的契机，可以好好读读李老师的书，收获肯定很大，这可一点儿都不亏。

其实，我和李学潜教授既没有学业师从，也没有学术合作的渊源，毕竟辈分差得有点儿多，平时也不在一个单位工作，但是在各种场合，尤其是学术会议上，我遇到李老师的次数并不少，跟李老师也有很多交流。李老师入行很久，学术成就很大，更是桃李满天下，虽然退休很久了，但是仍然很活跃，参加各种会议的时候也都是以平常心和晚辈们交流，是颇受大伙儿尊敬和喜爱的"李大爷"，也是我心目中的"李大侠"。

李老师是著名的粒子物理学家、高能物理学家，研究的是物质最深层次、最小尺度的结构和性质，他的眼光当然就是最精细的。而宇宙是最大的时空尺度，还有什么能比宇宙的一生更宏大？因此我看到本书书名的第一反应就是，这是"以最精细的眼光看最宏大的宇宙"呀，于是这也成为本序的题目。

事实上，类似本书的科普著作并不少，其中很多是从国外引进的畅销全球的作品，绝大部分的故事性、知识性和可读性很高，我也曾为其中一些写过序或者推荐语。然而，这并不意味着我们不需要中国作者原创的科普书，毕竟在价值观和文化层面，以及科学发展的历史和科学教育的现实情况下，人们也需要针对我国的具体情况和自身文化需求而写的科普著作。

这本书里面就有不少"中国元素"，具体是哪些内容，在"序"里就不"剧透"了。有了这些元素，读者会感到亲切，距离拉近了，接受起来也就容易多了。在我看来，这就是"接地气"。此外，这本书里的传说、故事和"八卦"，很让人"上头"，实际上，我就是在飞机上抱着笔记本电脑一口气读完本书初稿的。难能可贵的是，这本书对于近年来的天文热点无一遗漏，比如引力波的发现和黑洞的第一幅照片，想了解物理学和天文学前沿的读者肯定会很过瘾。

我曾经写过一篇文章，题目是"科普四抓手"，收录在《愿景与门道——40位科普人的心语》一书中。文章里面的"四抓手"指的就是"讲故事、接地气、抓热点和有个性"。李老师的这本"有个性"的书，淋漓尽致地展现了"四抓手"，读者仿佛能够从字里行间，听见李老师亲口讲物理，讲天文，讲宇宙。

李学潜教授不但在退休之后投身科普事业，更是写出了这本严谨、有趣的好书，实在是我的榜样。我从内心羡慕那些全身心投入科普工作的同事、同行和朋友，我都开始"盼望"退休了！那时候一定是科普工作的更好时代！

张双南

中国科学院高能物理研究所研究员

2024 年 1 月 1 日于清华园荷清苑家中

前　言

"四方上下曰宇，往古来今曰宙。"

宇是空间，天上地下的大事小情都发生在这个格子里；宙是时间，不急不缓地流淌，印记着发生在"宇"中的一切事件。至今我依然清晰地记得，很多年前我带领研究生到神农架开会，晚上我们走出宾馆，仰望夜空，明亮的繁星在天空闪烁，一条光亮的星带横贯天际。正是古人对宇宙奥妙的好奇与思考让我们的祖先想象出牛郎织女鹊桥相会这样的美丽神话。

宇宙的无穷无尽，很难用文字具象地描述，普通人只能通过与熟悉事物的对比来想象。日地之间，对人类而言绝对是一段漫长的旅途。即使是光，从太阳向地球奔赴而来也需要大约 8 分钟，它可是每秒能行进 30 万千米的呀！

离我们的家园太阳系最近的恒星名叫比邻星，距地球虽然仅有约 4.2 光年，但结合上面的数字，你是不是体会到《流浪地球》描绘的星际之旅更加波澜壮阔呢？

我投身物理学研究与教学工作超过 50 年，涉猎高能物理、粒子物理等专门的领域。这让我有机会站在巨人的肩膀上，从不同的角度试图揭开宇宙的一角，探究其本来面目。

就在前几天，我与编辑闲聊时，听他不禁感叹年幼时"误读"《最初三分钟》而早早地塑造了他的宇宙观，接着他问我："宇宙的最后三分钟是什么样的情景呢？""宇宙的一生又是如何度过的呢？"这一连串似乎幼稚、其实富含哲理的提问顿时让我不知该从哪儿说起。

"这书我可写不了，它涉及的面儿太宽了！"

这是个宏大的命题，虽然每个环节我都知道一些，但远远达不到写一本书的资格啊！我当时就果断拒绝了编辑的邀请，可创作的种子好像在心里发了芽儿，夜深人静时忍不住在脑子里推演了无数次这本书应该写什么、怎么写，甚至有一些埋藏在心里很多很多年的想法也都一股脑儿地冒了出来。几日之后，我不堪"折磨"，找到了创作伙伴讨论创作想法，并下定决心，接受这个对我来说有些"超纲"的挑战。

在这本书里，我们将跟随物理学前辈大师们的脚步，回顾和探索宇宙从新生到消亡的整个过程，同时了解宇宙学和粒子物理的基础知识。在篇章的设计上，我们尽量使其合乎大众的思维逻辑；在内容的表达上，虽偶有物理公式冒出，但即使你将其忽略，依然能在头脑中描绘出宏伟的宇宙蓝图。

"宇宙中最不可思议的事，就是这宇宙竟然如此可思可议。"爱因斯坦曾把自己的理论称为"宇宙的宗教"，这个宗教的使命是探索自然界里和思维世界里所显示出来的崇高庄严和不可思议的秩序。

在时间和空间的尺度下，人类目前所做的一切都是那样微不足道。本书所能做到的，也只是打开一扇天窗，让对宇宙有兴趣甚至立志在宇宙学和粒子物理领域做创造性工作的读者可以从中窥到一些有用的知识。我们希望读者能从读书中得到更多乐趣，这确是本书更重要的目标。

李学潜

2023 年 12 月

目　录

第 1 章　夜空为什么是黑的　　**001**

奥伯斯佯谬　　003

膨胀的宇宙　　007

第 2 章　宇宙的诞生　　**013**

"大爆炸"的由来　　014

宇宙何时诞生　　016

第 3 章　时空暴胀与多元宇宙　　**021**

时空暴胀　　023

多元宇宙　　027

第 4 章　宇宙的黎明　　**031**

标度：物理学的尺子　　032

宇宙的基本组成　　035

万物的质量从何处来　　038

宇宙的第一道光　　043

第 5 章　原初核合成与宇宙的生长　　**047**

宇宙最古老的原子核　　050

宇宙的生长　　052

第 6 章　恒星物理学　　　　　　　　　　**057**

太阳为什么会发光　　058

恒星的一生　　061

黑洞　　068

第 7 章　宇宙学中的未解之谜　　　　**077**

消失的反物质　　079

暗物质之谜　　086

第 8 章　时空的"涟漪"——引力波　　**093**

时空的涟漪　　094

探测引力波　　096

原初引力波　　100

第 9 章　时间有方向吗　　　　　　　　**109**

时间之箭　　111

熵增加原理　　115

虫洞　　122

第 10 章　宇宙的归宿　　129

热寂——万物之终结　　130

宇宙足够平坦吗　　132

奇点　　135

暗能量　　137

第 11 章　回顾与总结　　143

拉普拉斯妖　　144

物理学的统一之路　　145

沿着时间回溯　　147

物理学的两朵新"乌云"　　152

展望　　155

致谢　　157

第1章

夜空为什么是黑的

布满灿烂群星的夜空激发了人们的无限遐想，无数绝妙的诗句和美丽的神话编织起了人类文明的一角。牛郎织女的爱情故事家喻户晓，他们被一条闪亮宽阔的天河隔开，只有在每年七夕那天才能见面。美丽的神话故事虽然缥缈，却启发了人们对星空的进一步探索，从而推动了科学的进步。

现在，天文学家和物理学家用先进的科技装置和手段，以及多年来通过观测和实验得到的理论知识，又为这个无与伦比的星空续写了一个全新风格的故事。

人类开始用科学观点审视太空，要归功于伽利略。虽然透过他发明的望远镜最远只能观测到月亮，但这开启了人类探索宇宙的新旅程。

今天的地面观测站众多，"中国天眼"（FAST）是世界上规模最大、综合性能最强的射电天文望远镜，它已经帮助我们取得了很多世界领先的科学成果。除此之外，我国的"天琴"和"太极"卫星计划都是为精确观测引力波而设计的。有了这些装置，以及理论物理学家多年来的辛勤钻研，人类对宇宙的探索已然迈过初级阶段，步入了向纵深发展的大道。

相对宇宙规模而言，人类对宇宙本质的了解还只处于"幼儿园"水平，甚至可能还在"小班"。人类不断获得新的宇宙学知识，这令物理学家感到欣喜与兴奋，但随之而来的是新的未知与困惑。因此在开始讨论新一轮的探索前，让我们简单回顾一下宇宙学的起源。

奥伯斯佯谬

当远离城市，仰望群星闪烁的夜空奇景时，你会发现数不清的恒星在闪耀。你是不是也曾在孩童时期冒出过这样的问题："夜空为什么是黑的？"你的妈妈爸爸多半会不假思索地答道："晚上没有太阳啊，哪有光照亮我们的世界？"倘若他们多加思考，还会告诉你："这时候太阳在地球的背面，阳光照不到我们这里。"

然而从宇宙学的角度看，这个问题就没那么简单喽！它同样困扰着以前的天文学家。事实上，你目之所及的满天恒星，它们的质量至少和太阳是同一个量级的，很可能更大，有的甚至比太阳大了不知多少倍。

这些恒星，在宇宙中分布得很均匀。

用物理学的语言来说，宇宙中的恒星密度 ρ 近似为一个常数。当然，这是相对于宇宙尺度而言的。

说到这里你肯定要问了："既然满天都是恒星，就算它们离我们都很远，数量依然多得很呀，那我们的地球应该时时刻刻都被照亮才对啊？"

好问题！重点来了。

光学实际上是科学家的"老朋友"了，现在我们对光的特性已经有了比较深入的认识。从固定点光源发射出来的光到接收点的亮度，也可以说是照度，与两点间距离的平方成反比：

$$\propto \frac{1}{r^2}$$

其中，$\propto$ 是数学中一个常用的符号，读作"正比于"。r 代表距离。

从人类的视角来看，由于恒星距离地球非常远，因此可以把它们看成点光源。此时，我们可以想象存在一个包裹地球并具有一定厚度的球（见图 1–1），球面上分布的恒星数目为 $\rho \times 4\pi r^2$。这样一来，球面上的所有恒星对地球的照度就可以计算出来了：

$$\propto \rho \times 4\pi r^2 \times \frac{1}{r^2} = 4\pi\rho$$

啊哈，这样一看，球面上的所有恒星对地球的照度是个常数，与距离无关。尽管太阳离我们最近，以单颗恒星来说，它对地球的影响最大，但球面上的所有闪亮恒星的集体贡献亦不可小觑。

图 1-1

由于所有恒星都对地球的照度有贡献，因此若我们把每一份贡献累加起来，当恒星数量达到一定程度后，夜空就应该像白天一样明亮。这显然和我们的日常经验完全不符，这就是困扰了研究者近两百年的"奥伯斯佯谬"。

面对这个难题，一些科学家曾给出了结论——宇宙是有限的。他们认为，在非常遥远的地方，没有高亮度的恒星存在，因而所有恒星亮度的叠加不足以和太阳匹敌，所以夜空就不是明亮的。

在那个观测装置与手段还不够发达的时代，得出这个结论是可以理解的，但这与牛顿的万有引力理论相冲突。在万有引力理论的框架下，宇宙是无穷大且稳定的。

只有宇宙无穷大，它才能像当时所观察到的那样保持稳定。为什么呢？因为万有引力会使恒星相互吸引，宇宙也会随之收缩。只有当宇宙是无限的，每颗恒星都受到周围恒星同等的引力时，整个宇宙才能保持稳定。换言之，整个宇宙的恒星间的引力将达到平衡状态。如果宇宙是有限的，这种平衡就会被打破。

膨胀的宇宙

到了 20 世纪中期，宇宙学最重要的进展出现了，这就是哈勃定律。得益于观测装置与手段的进步，天文学家埃德温·哈勃发现，邻近的星系都在以一定的速度远离我们所在的银河系。

注意：

许多读者抱怨外国人名难认、难记。因此，本书第一次提及某个人物时，采用省略中间名的表达方法，后文再出现该人物时，则使用其姓代指。

怎样想象这种被称为"星系退行"的现象呢？这里有两个重要概念需要理解：一个是多普勒效应，另一个是特征谱线。

物理老师也许讲过声学中的多普勒效应：假如你身处站台，一列持续鸣笛的火车朝你驶来，你会听到声音越来越尖锐刺耳，也就是声音的频率会升高；反之，当它驶出站台，渐行渐远时，声音的频率也会降低。这就是声学中的多普勒效应。与这种现象类似，光学中也存在多普勒效应。

任何一种元素在吸收和辐射光时，都会产生独特的谱线。特征谱线常被人们称为"元素的指纹"。每种元素都对应独一无二的谱线，我们可据此确定元素种类。

特征谱线（见图 1-2）研究方法在科研与实践中应用得非常普遍，比如医生会利用钠元素的特征谱线来确定患者的中毒情况。

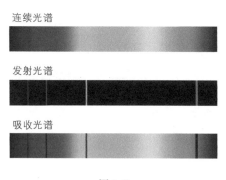

连续光谱

发射光谱

吸收光谱

图 1-2

结合多普勒效应，哈勃发现邻近星系的元素特征谱线向低频方向移动，即红移，这说明邻近的星系正在远离我们。由于观察到的星系之间都存在红移现象（见图 1-3），因此，哈勃提出了著名的哈勃定律：

$$v = H_0 d$$

利用这个公式可以计算出星系的退行速度，其中，v 是星系的相对退行速度，d 是星系与观察者之间的距离，H_0 是

哈勃常数，表示宇宙膨胀的速率，下角标 0 是指今天的哈
勃常数的值。

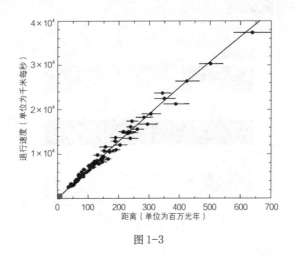

图 1-3

　　我们以一个气球为例：球面上任意两点是固定在球
面上的，当气球膨胀时，两点间的距离会越来越大（见
图 1-4），它们相互远离的速度取决于气球膨胀的速率。

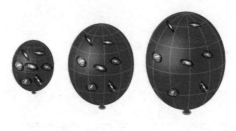

图 1-4

借助哈勃定律，"夜空为什么是黑的"就能解释通了。

第一，宇宙不像艾萨克·牛顿和阿尔伯特·爱因斯坦最初想象的那般稳定，它是在不断膨胀的，那么宇宙自然就不是无限的。还记得吗？前面提到，只有宇宙无穷大，它才能保持稳定。每个天体（包括恒星）都受到周围天体的吸引，整个宇宙才能保持稳定的结构。在夜晚，遥远处不存在无限多的闪烁恒星来照亮我们。

第二，由于光速是有限的，因此光的传播需要时间。遥远星系发出的光直到今天仍然没有到达地球，所以对地球的照度没有贡献。可以说，哈勃定律推开了现代宇宙学的大门，奠定了人类探索宇宙的科学基础。

既然宇宙不是无限的，按理说它应该在万有引力的作用下不断收缩，可事实正好相反。是什么神秘的力量驱使着星系不断退行，并且渐行渐远呢？在后面的章节中，我们将回答这个深奥而有趣的问题。

第 2 章

宇宙的诞生

假如你看完上一章就合上了本书，想必现在已经忘了其中最重要的一个观点："宇宙不是无限的！"既然宇宙不是无限的，而是在不断膨胀，那你接下来肯定会自然而然地问："宇宙的源头在哪儿？""世间万物是从哪里来的？"

我们要告诉你的是，关于"宇宙是在什么时候开始的""宇宙诞生之前是什么"和"宇宙之外有什么"这样的问题，大名鼎鼎的理论物理学家斯蒂芬·霍金曾给出回答，那就是："这种问题没有意义。"这些问题无法与任何测量相关联，因而不是"物理"的，没有必要去回答。据说，当年谁要问霍金这类问题，他就会用轮椅去轧提问人的脚！

"大爆炸"的由来

既然宇宙通过膨胀才达到今天我们观测到的规模，那么追根溯源，一定能找到一个起点。宇宙中有人类难以理解的无穷多的星系，这些物质与能量更是大得难以想象。

那么在宇宙创生时，在那一点上，必须且必然是极端高温和高密度的，用物理学的语言来说就是："宇宙对应一个膨胀的时空锥体，顶点必定聚集大量能量。"

宇宙学界的"双子星"霍金和罗杰·彭罗斯通过研究认为，在宇宙创生时存在一个"奇点"，时空就是从这个奇点以爆发的形式诞生的。这么多能量一下子喷发出来，这个过程不可能是缓慢的，必然是以突变方式进行的。

比利时宇宙学家乔治·勒梅特在 1927 年最先提出了这一观点，而乔治·伽莫夫在 1948 年前后进一步建立了热大爆炸宇宙学的基本理论。

有趣的是，当这个理论刚一提出的时候，有些理论物理学家（后文简称为理论家），如英国的弗雷德·霍伊尔，不认可这种宇宙诞生的观点，调侃它是"Big Bang"（轰的一声）理论。但通过后续的一系列研究，学界普遍认为这个理论对于描述宇宙的产生，还是较为合理的。慢慢地，基本上所有人都接受了这个理论，而之前调侃这个理论的

"Big Bang"一词既有趣，又符合实验观测结果，于是逐渐被学界认可。"Big Bang"的中文翻译"大爆炸"也借由美剧等渠道，成为年轻人耳熟能详的物理学名词。

当然，"大爆炸"发生的准确场景以及是什么机制导致了如此剧烈的物理过程，是我们现有的理论以及众多假说难以解释的。但从后面演化的结果看，我们确实或多或少能推测在那个神奇的时刻发生了什么。

宇宙何时诞生

笃定了宇宙是从一个极端高温和高密度的极小之点喷发而来，我们就可以估计宇宙的年龄了。如果我们忽略最初的短暂瞬间，假定宇宙从"零"到现在是以速度 v 均匀膨胀的，那么用距离（长度）除以速度，便得到了宇宙的年龄：

$$t \sim \frac{d}{v}$$

现在由于哈勃常数的观测值越来越精确，人们对宇宙年龄的估计误差也越来越小。据最新计算，科学家认为宇宙大约诞生于 138 亿年前。

在"大爆炸"后，初生的宇宙处于一种极端高温和高密度的状态，好似一碗浓稠的"宇宙汤"。

接下来，宇宙开始膨胀，温度随之下降。

在宇宙初生之时，粒子之间可通过散射来达到热平衡，比如光子与电子间的散射，以及正负电子间的转化。在物理学中，γ 表示光子，e 表示电子。

这里我们需要解释一下散射的概念。散射是指碰撞前两个或更多个粒子互相接近，在很接近之处通过相互作用转换成"末态粒子"，这个过程可能创造出新的粒子哦！我们可以用经典物理学、量子力学或者量子场论去计算反应的概率，它们给出的数值结果可能有些不同，但物理机制和原理没有什么区别。

当浓稠的"宇宙汤"的温度进一步降低后，电子便由于某些机缘获得了质量。根据能量守恒定律，低能量的光子就不能通过碰撞产生正负电子了。

从另一个角度看，散射要求初态的两个粒子互相接近到可以相互作用的范围，就好比两个小婴儿打闹，他们的拳头必须能够得着对方。碰撞事件的数目必定和相互作用范围内粒子的密度成正比，粒子越密集，碰撞机会越大。但由于宇宙的膨胀和温度的降低，一定空间内的粒子密度随之降低，发生相互作用的概率就降低了。

宇宙在膨胀，宇宙中的粒子要想达到热平衡，就要求粒子之间有足够多的碰撞次数。假如碰撞率赶不上宇宙的膨胀率，粒子间基本就永远地失去碰撞的机会了。

在这一刻，宇宙诞生了，但尚未达到可以称之为宇宙黎明的阶段。本章仅分析了宇宙开端的一瞬间。那些原始的白由粒了的状态还远远未达到形成我们今天所看到的星系的阶段!

　　此外，在大爆炸后的极短时间内，还发生了让物理学家非常困惑的"暴胀"。下一章将做更为详尽的讨论。

第 3 章

时空暴胀与多元宇宙

虽然大多数研究者普遍接受了宇宙是从一场"大爆炸"中诞生的，但这远不是事情的全部，另一个故事才刚刚开始。

物理名词"horizon"被翻译为"视界"，在我们的日常生活中被称为"地平线"。地球上的地平线是具有光学意义的，它是指人眼能看到的最远距离。在海平面上，一个身高 1.8 米的人，其视界的最大值约为 4.6 千米。当然，如果你站在瞭望台上，可以看到更远的地方。

在地球的视角下，光走直线，是弧形地面的切线，然而在宇宙尺度上，情况就不同了。尽管光速有限，但光在宇宙中的传播路径并非直线，而可能发生弯曲。

哈勃定律告诉我们，当遥远的发光物体向地球发来光信号时，如果宇宙膨胀造成发光物体的退行速度，也就是远离我们的速度超过了光速，则该物体发出的光信号跑不赢空间的膨胀，这时地球上的观测者就永远收不到该发光物体的信号。因此，我们在某一时刻可观测的宇宙范围是有限的。

而且，人类已经发现，在离我们几百亿光年的视界处，恒星分布以及温度分布和银河系有很多相似之处。要解释这个现象，必须假设它们之间曾经有着某种联系。经追本溯源，科学家认为它们应是从同一个地方，起码是邻近并有关联的地方一同创造出来的。

时空暴胀

现在的理论认为，大约在大爆炸后 $10^{-36}\sim10^{-32}$ 秒的极短时间内，宇宙经历了一次难以想象的暴胀，它的尺度膨胀了大约 10^{26} 倍，大致相当于一个原子膨胀到整个太阳系的规模，甚至更夸张！这也就解释了为什么宇宙各处的温度基本相同：今天相距非常遥远的区域在暴胀发生前是相互靠近的，相互间的热关联趋于平衡。

这真是不可思议啊！这么短的时间，什么"眨眼间""刹那""电光石火"之类的词语都显得太长太长了，而宇宙中却发生了那么大的事。宇宙中的时间概念真是和普通生活中的时间概念大不相同。

宇宙在这么短的时间内暴胀到如此规模，显然在"大爆炸"时产生的没有质量的物质，其速度已远远超过光速了。那么如何理解暴胀呢？它不是一个可以用线性微分方程来描述的过程，而是一个相变过程。

换句话说，日常生活中的所有物理过程，都是由某种物理机制决定的，这种物理机制的根本在于它所涉及的相互作用类型。我们一般遇到的相互作用，不论是经典的还是量子的，都是线性的。

比如，对引力而言，它的解是线性的，这一点我们不难理解。但如果出现较大的如空气阻力等形式的力，那么它的解就变得很复杂了，这要到大学的力学课程中才能学到。又比如，当单摆的幅值超过 5° 时，整个运动就不再是简谐运动，也就不能用来计时了。这些相变导致我们无法预测，或只能根据观测以及数值计算来判断宇宙中的种种现象，只不过我们需要这种过程发生无穷多次才可以。

至于宇宙的暴胀，我们不能要求它重来一次，那怎么办？当然是凭理论家的推测，然后得到最合理的，也很可能是最接近真实的模型。在这里，我们只能说它是模型，因为即使它看起来很合理，也没有观测数据来验证。

如图 3-1 所示，"大爆炸"后的暴胀过程只持续了极短的时间，却使宇宙扩大了很多倍。在这以后的演化，就可以用我们熟悉的物理规律来描述了。

暴胀理论的提出者、著名的宇宙学家阿兰·古斯就表示，在大爆炸后的极短时间又发生了一次大爆炸，它抹平了原始宇宙中的坑坑洼洼。就好像你是一只蚂蚁，坐在气球的表面，当气球直径只有几厘米时，你很容易察觉到气球表面是弯曲的；而当气球膨胀到直径几米时，气球表面的弯曲就很难被察觉出来了，似乎相当平整。

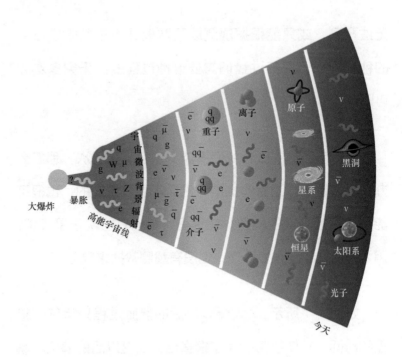

图 3-1

物理学界提出了很多关于暴胀的模型，但没有一个模型能完美地说服所有人。也许宇宙确实经历过这个阶段，但谁又能说得清呢？暴胀使宇宙在各个方向上的温度趋于一致，并在所有的尺度上创造了适当的扰动，最终形成了我们现在看到的恒星、星系和星系团。

我们普遍接受宇宙是从"大爆炸"开始的，但是否还有其他的候选理论呢？若干年前，科学家通过天文观测得到了宇宙常数 Λ 。Λ 体现为斥力作用，但极为微弱，它只在宇宙量级的间隔上才有实际效应。然而，史蒂文·温伯格认为，通过天文观测得到的宇宙常数 Λ ，无法与宇宙演化的现状相协调。

这显得很不自然。为了解决这个矛盾，一些顶尖的理论家提出了多元宇宙的设想。

多元宇宙

宇宙学家安德烈·林德提出，多个宇宙"同时"存在。注意，这里我们为时间概念使用了引号，因为在不同宇宙之间，时间的对应没有意义。在任何时间、任何空间都在不断发生"大爆炸"，之后产生不同的时空。这些时空中的物理规律和我们这个宇宙中的规律可能是完全不同的。

多元宇宙假说只能解释一部分宇宙学难题，我们几乎永远无法探测到其他宇宙中的任何物理过程，当然也就没法得出相应的物理法则了。但这和我们有关系吗？

霍金在他的《时间简史》中深刻地描述并提出了著名的"人存原理"。我们在这里用比较容易理解的方式来介绍这个原理。

从大尺度上观察我们今天所处的宇宙，它是均匀而光滑的，就像一颗气球，因此它貌似不应该是从一个杂乱无章的状态发展而来的。所谓光滑，是指在宇宙尺度上，所有恒星和星系都是均匀分布的。在小尺度上就没有光滑可言，因为每一个个体都是分立的。从这一点出发，我们不禁会问："为什么宇宙天体的分布如此均匀而光滑？"那必定是从均匀而光滑的初始状态演化而来才可能合理。那么，如果存在无穷多的宇宙，就理应存在某些从均匀而光滑的状态开始，演化到大尺度宇宙的机制。

然而从统计学角度看，宇宙的初始状态只有很小概率是光滑的，而大概率是纷杂的。那么宇宙显现出的均匀而光滑的特性，是否只是因为我们刚好生活在纷杂宇宙中的一个均匀而光滑的区域呢？

从另一个角度来看，如果我们所居住的宇宙不是均匀而光滑的，那意想不到的灾难就会时常光临我们的星球，人类文明很难幸存。这样看来，我们是否就是出生在多元宇宙中恰好适合生存的世界的幸运儿呢？

人存原理又分为"弱"和"强"两种意义：弱人存原理是指在大的空间和时间尺度下，只有在某些时空内，才存在智慧生命生存和发展的必要条件；而强人存原理基于多元宇宙理论，认为大多数宇宙不具备复杂有机体生存和发展的合适条件，只有在少数像我们这样的宇宙中，智慧生命才能得以发展。

多元宇宙理论中的每个宇宙都有自己的物理法则和物质结构，发展和演化规律也有所不同，但只有像我们这样的宇宙，才适合人类居住。

　　科学家指出，如果宇宙中的物理常数略微不同于我们测量到的数值，那就不会有我们这样的世界存在。比如，如果电子质量大十倍，或中子轻上千分之一，中子就不能衰变成质子，我们的世界或许就会成为一个没有质子，当然也就没有原子核和原子的中子世界了。

　　我们完全没有理由假设其他宇宙中也存在类似牛顿力学和量子力学这样的物理机制。毕竟，在不同的宇宙里，数学的本质可能是不同的。

　　这个宇宙的命运或许早已注定。我们是不是很幸运的智慧生命呢？

第 4 章

宇宙的黎明

我们在上一章中介绍了处在极端高温和高密度状态时的极早期宇宙，那个状态只持续了很短的时间，随之而来的是宇宙膨胀、温度降低和万物的衍生。我们现在就来看看漫长宇宙生命的开端是怎样一番情景。

在开始之前，我们在这里给你打个"预防针"。本章相较前面的内容，更加"专业"与"物理"。对于你可能没听说过的一些关键概念，我们会在文中给出简要的解释，当然，你也可以通过搜索引擎进一步了解。

标度：物理学的尺子

为了方便读者理解宇宙初生阶段发生的不可思议的事情，我们必须介绍物理学中的一个至关重要的概念——标度。

标度（scale），也就是"尺度"，是一个具有深奥意义的概念。物理学研究的量和数学的不同，它不但有数值，而且有量纲，风马牛不相及的事物不能放在一起比较。当讨论一个物埋量时，你必须同时认清它的量纲和数值。举一个简单的例子，你就很容易明白了。

在一个标准大气压下，水在 100 摄氏度时沸腾，成为水蒸气，呈气态；在 0 摄氏度时结冰，呈固态；在 0 ～ 100 摄氏度之间呈液态。在不同温度下，不同形态的水遵循的物理规律完全不同，但它们归根结底都是由水分子（H_2O）构成的，只是在不同标度下表现出不同的性质。油的沸点和水不同，对应的标度也就不同。从某种意义上看，标度就像一个"门槛"，一旦越过，境界就不同了。

宇宙的演化可以被分成不同的阶段，每个阶段的物理状态是不同的。那么，科学家是用什么来划分不同的演化阶段的呢？正是能量标度或者说温度标度！

标度有很多种，比如时间标度、能量标度以及温度标度等，这几种标度是等价的。支配宇宙的各种物理规律将标度一对一地联系起来。换言之，科学家可以利用通用单位来比较不同的事物。例如后面我们将介绍的"光子退耦"阶段，对应的能量标度为 1 eV，对应的温度是 10 000 K，对应的时间是"大爆炸"后的 38 万年。

在理论物理学中，我们可以采用所谓自然单位制，在这个单位制中有 $c=\hbar=1$，从而引申出各物理量单位间的对应关系：

$$[E]=[p]=[m]=k[T]=\frac{1}{[t]}=\frac{1}{[L]} \qquad （4\text{-}1）$$

$[E]$、$[p]$、$[m]$、$k[T]$、$[t]$ 和 $[L]$ 分别代表能量、动量、质量、温度、时间和长度（k 为玻尔兹曼常数，暂时不用理会它）的量纲，于是，所有物理测量量都可以归结为能量。在标度方面，也只需要关注能量标度，比如 $E=mc^2=pc$ 在自然单位制中就是 $E=p=m$。

这里使用了相对论和量子论的基本公式。我们能这么做的原因是，宇宙中有两个基本规律不能打破，它们对应了两个与参考系和时间无关的物理学常数：一个是真空中的光

速 c ，还有一个是普朗克常数 h （在量子力学中常使用其约化

的形式，即 $\hbar = \dfrac{h}{2\pi}$ ）。它们是不变的。正因为如此，我们在

自然单位制中可以先把它们设为 1 ，于是就有了（4–1）式。
采用自然单位制大大简化了公式推导和数值计算。当然，
最后和实验值比较时，我们还是需要使用通用的温度单位
与时间单位等。

宇宙的基本组成

　　组成宇宙万物的最基本的成分，被称为"基本粒子"，
即最小的、不可再分的粒子。19 世纪初，英国科学家约
翰·道尔顿提出了近代意义上的原子论，即化学中各元素
的最小单位是原子，如氢原子、氧原子、碳原子等。他以
为，这就是组成物质的最小粒子。可是后来人们又发现，
原子中有原子核和电子，原子核又可分为质子和中子，而
质子与中子还是复合粒子，由夸克组成……

　　到了 20 世纪 90 年代，物理学家大体确定了基本粒子

家族的成员,包括 3 代轻子、3 代夸克,以及传递相互作用的规范玻色子。这些基本粒子构成了所谓"标准模型"(Standard Model,见图 4-1),但唯独还差希格斯玻色子。

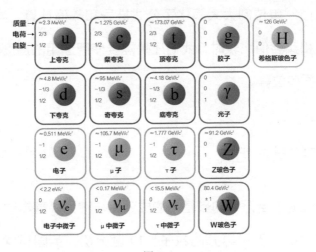

图 4-1

2012 年,欧洲核子研究中心(CERN)终于证实了希格斯玻色子的存在,补全了标准模型的最后一块拼图。

基本粒子有以下几种。

1. 费米子

(1)轻子,包括电子、μ 子、τ 子和与之对应的 3 种中微子；

（2）夸克，分为 u、d、c、s、t 和 b。

2. 玻色子

（1）$W^{\pm}$ 玻色子、Z 玻色子（传递弱相互作用）；

（2）光子（传递电磁相互作用）；

（3）胶子（传递强相互作用）；

（4）希格斯玻色子。

轻子在自然界中无处不在。电子在原子中起到重要作用；中微子虽然轻，但在自然界中也扮演着重要角色。

夸克带有一种特定的"色荷"。色荷有点儿像电子携带的电荷，但起到完全不同的作用。"色"这种量子状态不能在自然界中独立存在，它们的特性就像"三原色"（它们其实是可以独立存在的，所以我们说有点儿像）合起来是白色。粒子物理中的色也有 3 种，只有它们组合起来

（三原色，或色 – 反色的组合）呈"白色"才能在自然界中存在。3 种色分给了 3 个夸克，它们构成了质子和中子。正色、反色分别赋予夸克和反夸克，对应无色的介子（因质量介于轻子和重子之间而得名，如 π 介子等）。

胶子就是将几个夸克拴在一起的绳子，它也带色，同样不能在自然界中独立存在。只有在极高温时，胶子和夸克才有可能摆脱彼此的羁绊而独立存在，这种状态被称为"夸克 – 胶子等离子体"（Quark-Gluon Plasma，QGP）。

万物的质量从何处来

如前一章所述，就在大爆炸后短短的一瞬间，宇宙中的电子、μ 子、夸克、光子、胶子，统统没有质量。这时的宇宙浑浊一片，就像一碗沸腾的浓汤，科学家称之为"宇宙汤"。人类目前还没有什么手段能够精确得到宇宙在这一时刻的状态信息。

后来，随着宇宙膨胀与温度降低，这碗原本浓稠的

"汤"变凉了，有的东西沉淀了下来。用专业的话讲，这就是宇宙的"对称性自发破缺"。此时，希格斯场开始发挥作用。

希格斯玻色子就像游乐场里的海洋球，它们充斥在宇宙中形成一个场。费米子会被无所不在的"海洋球"拖住脚步，步履蹒跚。不同粒子被不同程度地减速，因而体现出了不同的质量（见图 4-2）。光子很幸运，它们不会与希格斯场相互作用，因而可以在宇宙间轻盈地穿行。

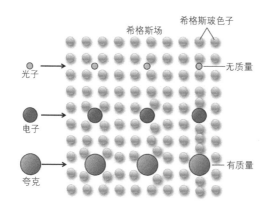

图 4-2

物理学家很熟悉的名词"破缺"对普通读者来说需要一

些解释。在日常生活中，一个瓷盘被不小心磕掉一块，它便不再是完美对称的。如果这个缺口很大、破损很严重，我们就看不出它原来的形状了。在物理学中，我们看到的实际现象往往是对称性破缺的结果，物理学家需要从破缺的表象去猜测和推断宇宙的本初。没错，这有点儿像考古。

和电荷、自旋一样，质量也是粒子的一个内禀参数。粒子的最小动能是 m_0c^2，其中，m_0 是粒子的静止质量。又因为能量是动能与势能之和，所以一个粒子的最小能量就是最小势能加上 m_0c^2。理解了这一点，让我们用"物理"的眼光来看看图 4-3。

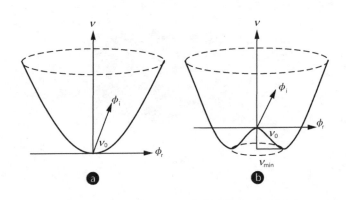

图 4-3

宇宙中充满了希格斯场，这说明真空并不空。图 4-3a 所示的是高温下完美真空中的希格斯场的势能。此时 $v_0+m_0c^2=0$，$v_0=0$，因而得到 $m_0=0$，说明此时的费米子没有静止质量。

但如图 4-3b 所示，此时对应的能量标度约为 250 GeV，折合温度为 10^{15} K。真空已经不再是完美的，而是破缺的，势能最低点 v_{min} 不再是 0，而小于 0。那么如果还要求 $v_{min}+m_0c^2=0$ 或规定取最小值的话，由于这时候 $v_{min}<0$，就能立刻得到 $m_0>0$ 的结论。这就是费米子的质量来源，仿佛"水落石出"一样。

此时你可能要问了："真空怎么从图 4-3a 所示的状态过渡到图 4-3b 所示的状态呢？"这是希格斯场的温度效应，它属于有限温度场论，和统计物理学密切关联。具体的讲解真的不能在这里展开啦，否则又是长篇大论。总之，你只需要知道，当宇宙温度降低后，希格斯场的势能就改变了。事实上，如果继续探讨上面的问题，还会引出理论家都在关注的"真空是否稳定"这个大问题。如果真空不稳定，人类也就灰飞烟灭了！

此时，虽然电子和夸克已经获得了质量，但因为温度较高，它们之间的相互转化仍可发生，前提是在同一个标度下，粒子的质量不能比宇宙的温度高太多。还记得吗？质量与温度可以在同一标度下作比较。

又过了相对漫长的一段时间（对宇宙而言仅仅是一瞬间），宇宙的能量标度降低到 250 MeV，对应温度为 2.5×10^{12} K，这个标度就是 Λ_{QCD}。此时，夸克和反夸克或 3 个夸克（以及 3 个反夸克）终于被胶子拉拢到一起，形成了我们这个世界中的质子、中子以及宇宙线中转瞬即逝的 π 介子。

当宇宙的温度进一步降低，低到质子和中子结合而成的氘核能够在高能光子的破坏下幸存下来时，"原初核"的合成便开始了。但之后，当宇宙的温度低到不足以再引发热核反应时，原初核的合成过程就停止了。

宇宙的第一道光

与此同时，电子和光子还在自由自在地碰来碰去，互相促进彼此的产生和湮灭。通俗来说就是，大部分光子的能量足够高，可以与电子玩"配对游戏"（$\gamma\gamma \leftrightarrow e^+e^-$），正负电子碰撞后生成光子，光子又分解为一对正负电子。

光子退耦，对应的能量标度为 0.26 eV。

你可能会疑惑："什么是退耦？"这么说吧，一群男孩子正在踢足球，一个女孩也要加入，大家相处得很好。但过了一会儿，女孩觉得跟不上这些男孩的节奏了，于是她决定退出，这就是物理学家经常说的退耦。这个例子实在有些粗浅，但够直白。

这里插一句，目前已知宇宙中最多的元素是氢。氢原子的结构相当简单，其原子核中只有一个质子，外围只有一个电子。氢原子的原子核与电子间的结合能是

-13.6 eV。也就是说，要想把氢原子里的电子"赶"出来，必须用能量大于 13.6 eV 的光子轰击它。

然而，根据统计物理学的研究，即使宇宙的能量标度低于 13.6 eV，仍有大量的光子能量超过 13.6 eV，所以直到宇宙的能量标度下降到约 0.26 eV，对应温度大约为 3000 K，这时候高能光子的数目才减少到不足以通过冲击解放被质子束缚的电子，电子也才能稳稳当当地待在原子中。这样一来，宇宙中的自由电子的数目大大减少了。换言之，自由光子将找不到足够多的自由电子做散射，热平衡就不能维持了，这些光子从此就成了宇宙中的自由光子。此前，宇宙中的自由电子太多，光子跑不了多远就会因为撞到电子身上而弹回去，现在总算能自由旅行了！就这样，宇宙诞生大约 38 万年后，逃出藩篱的光子在宇宙空间闪亮登场，成为宇宙中的第一道光。这道光便成了我们探测到的"宇宙微波背景辐射"。

曾有两位工程师在做和宇宙学完全无关的研究时发现仪器记录了去不掉的宇宙噪声。当他们的文章发表后，普林斯顿大学的罗伯特·迪克和詹姆斯·皮布尔斯欣喜地指出，这正是他们一直在搜寻的宇宙微波背景辐射。而后宇宙背景探测器（COBE）卫星的观测结果证实了他们的研究。

正是从宇宙微波背景辐射的出现开始，宇宙从浑浊变得透明，我们对早期宇宙的探测也从这里开始。然而，自由光子的能量随着宇宙的膨胀进一步降低，因此那时的宇宙并不像我们今天看到的那样光明，此后的 1 亿年中，宇宙再次陷入黑暗。直到恒星乃至星系形成后，恒星内部的核反应产生大量高能光子，才使得我们看到的星空一片灿烂。自此，宇宙迎来了真正的黎明。

在结尾部分，让我们再介绍一下不太被重视的中微子退耦。中微子是很轻的中性费米子，质量大约只有电子的百万分之一，并且只参与弱相互作用。在高温时，中微子通过与电子的散射维持热平衡。当能量标度降到 1 MeV 时，这个反应无法维持下去，于是中微子和电子就不相关联了，这被称为"中微子退耦"。这些退耦的中微子就像散布在宇宙间的光子那样，成为自由的遗留中微子（relic neutrino）。而中微子退耦的温度比光子退耦的温度高一兆倍，理论上也比光子退耦时间早很多。也就是说，如果我们可以测量遗留中微子，那么对早期宇宙的了解就会加深很多。可惜，由于遗留中微子的能量很低，而且它们只参与弱相互作用，因此至今我们还无法观测到它们，希望今后的研究能在这方面取得进展。

第 5 章

原初核合成与宇宙的生长

让我们稍稍往回倒一些，看看宇宙演化史上的一个特殊的标度，即原初核合成的能量标度。这个标度处于形成强子（质子、中子和 π 介子等）的 1 ～ 2 GeV 能量标度之后，但在光子与电子退耦进而形成氢原子所对应的 0.26 eV 能量标度之前。

核物理学家通过研究发现，核子间的结合能大约是 1～10 MeV，核子间的相互作用主要是通过交换 π 介子实现的。这个由日本物理学家汤川秀树建立的理论奠定了核物理学的基础。

我们不妨来做些形象的比喻。两个小孩 A 和 B 分别站在两条船上，他们怎么相互作用呢？你一定记得小时候玩过的游戏，A 把球掷给 B，那么 B 得到从 A 传递的动量，根据牛顿定律，B 的船会因为受到力而运动。根据动量守恒定律，掷球的 A 必定得到一个反向的动量以抵消掷出球的动量。从旁观者的角度看，A 和 B 间存在一个斥力，这个斥力就是由球传递的。在量子场论中，粒子间的相互作用就是通过交换某种媒介粒子（相当于"球"）来实现的。当然，这种作用不一定是斥力，也可以是吸引力。

原子核中只有带正电的质子和中性的中子，核子间的距离只有大约 10^{-15} 米。在这么小的空间内，含有多个质子的原子核内的电荷斥力一定非常强（ $\propto 1/r^2$，与距离的平方成反比）。如果没有其他起到吸引作用的力来平衡，原子核将无法维持稳定。汤川秀树意识到了这一点，于是他提出核子之间通过交换 π 介子来实现相互吸引的作用。这种相互作用比电荷斥力强得多，因此被称为强相互作用；但它的作用范围小得多，所以无法在宏观世界中表现出来。汤川秀树估计 π 介子的能量是 100 ～ 200 MeV，今天的测量值约为 140 MeV。

根据上面所介绍的机制，我们可以得到宇宙中原初核合成的物理图像。

宇宙最古老的原子核

宇宙中最早产生的原子核是氢原子核和氦原子核。氢原子核的结构最简单，只有一个质子，这个质子由 2 个上夸克和 1 个下夸克构成。"大爆炸"之后，通过核聚变生成氢以及比它重的元素（如氦、锂）的过程称为"原初核合成"。

当"宇宙汤"中有了质子和中子后，它们会通过碰撞结合到一起：

$$p+n\leftrightarrow D+\gamma$$

公式中的 D，即氘核，就这么形成了。氘核的结合能约为 2.2 MeV，所以当入射光子的能量大于这个结合能时，氘核的结构会被破坏。这个过程很像物理课上讲过的电离。

正如在上一章中我们讨论高能的自由光子将原子中的电子解放出来那样，当宇宙温度所对应的能量低于 2.2 MeV 时，其实仍有大量自由光子存在。所以，只有当能量标度下降到大约 0.1 MeV 时，氚核才能在光子的冲击下幸存下来。随着氚核的"丰度"急剧增加，核反应大大加速，并且形成了更重的氚核，又经过一系列的反应，最终形成氦原子核 ^{4}He。

当氦原子核积累得足够多时，会进一步合成锂。但要通过热核反应进一步形成原子序数更大的原子核，则需要更高的温度，可此时宇宙温度在降低，所以在宇宙早期条件下，无法产生碳、氮和氧这类原子核。其实，当宇宙温度所对应的能量降低至 0.01 MeV 左右时，温度太低不足以再引发热核反应，原初核合成就终止了。

那时，宇宙中最主要的元素是氢和氦。原子序数更大的元素不是在宇宙早期出现的，而是在恒星核聚变、恒星演化末期、超新星爆发，以及中子星并合时产生的。恒星核聚变在产生铁原子核后就戛然而止了，因此重金属元素只存在于第二代和第三代恒星中。我们的太阳就属于第二代或第三代恒星，地球也是在太阳系形成过程中诞生的，因而在地球上也有重金属。重金属只占宇宙中物质总质量的极小一部分，在做与宇宙学相关的计算时，我们完全可以忽略它们。

　　稍微扯远了一些，让我们回到主线。假如宇宙中只有氢和氦，不足以形成恒星和星系，那么宇宙间必定存在某种机制，使游离的氢和氦聚集结团，开创一番新景象。

宇宙的生长

　　根据牛顿的理论可以推断，万有引力可能导致物质聚集结团。如果宇宙是有限的，那么所有物质将最终结成一个大团；如果宇宙是无限的，且不考虑粒子的产生和湮灭，宇宙中的粒子在空间上均匀分布，那么任何一个粒子周围都有同样多的粒子，它们从各个方向以同等的引力作用在这个粒子上，进而互相抵消，那么就不会有结团出现。然而，如果考虑了"涨落"，事情就大不相同了。

　　宇宙中的温度、质量、密度和能量分布都不是一成

不变的，它们都会不断偏离平均值，我们称这种现象为
"涨落"。涨落是热力学中的概念，宇宙学中的涨落通常
被视为扰动。玻尔兹曼的理论指出，在看似均匀的粒子
分布中，一定会在平衡态附近出现高于和低于平均值的
状态。比如当我们测量某个事例数时，计数的平均值为
N（期望值），但实际测量值会是 $N \pm \sqrt{N}$，这个 $\sqrt{N}$ 就
是涨落。

由于涨落的存在，宇宙中某个位置的粒子密度会比别
的地方大。此时，粒子受到的力就不再为零。在粒子比较
密集的区域，这种趋势会更为显著，相互吸附的粒子就越
来越多，逐渐聚集结团。这是最简单、最朴素的解释。

在涨落机制的驱动下，宇宙某处聚集了一定数量的粒
子。如果没有任何外界的扰动，聚集的粒子借由引力作
用，不断地从邻域吸引其他粒子，这样，这个聚集团应该
会像雪球那样越滚越大。然而，这有悖于我们的观测结
果，也就是粒子之间的引力并没有让这一聚集团的体积和

粒子数无限制地增加。

那么，这个聚集团增大到什么时候会停止呢？现代的理论认为，当聚集团内部的自引力产生的、指向内部的负压强与内部的热核反应产生的、向外辐射的正压强形成了动态平衡时，聚集团就不会再增大了。另外，不同的聚集团间可发生碰撞和散射，从而出现物质的聚集，以及聚集团的并合，这进一步加快了聚集团的成长。

有些理论认为中微子在恒星形成过程中起到了一定的作用；还有一些理论认为暗物质的存在对恒星形成很重要。这些都是有趣的假说，需要未来的物理学家去证实或证伪。

实际上，宇宙中的粒子密度是很稀薄的，它们之间几乎没有相互作用，真要想产生相互作用，只能通过碰撞来实现。而像银河系乃至更大的星系团的形式，则需要一个新的机制来解释。

20 世纪初，詹姆斯·金斯提出了一个理论模型：一大片静止而均匀的理想气体，由干外部某种物埋原因在介质中引起了微小的扰动，导致粒子聚集结团。这个理论模型听起来似乎有些抽象，但这就是分子运动论中理想气体模型给出的图像。有些被扰动的区域失去粒子，变得越来越稀薄，如果这种过程持续下去，它们可能会消失在宇宙中。但也有很多天体由于吸引了更多的粒子而越变越大。

当然，金斯的理论存在很大的局限性。如果扰动的波长很长，就需要用爱因斯坦的广义相对论来代替牛顿的引力理论；此外，金斯假设粒子周围的介质分布是静止的，而实际上宇宙的膨胀也会引起新的效应。但金斯的理论已经完全能解释物质在星际间聚集结团的物理机制了：当宇宙介质引起的正压强足够大时，就不能形成星团结构；当自引力的强度超过外部扰动的强度时，结团效应就很明显。

理论家的精细计算指出，宇宙介质的扰动阈值不能小

于 10^{-6}（这是一个比值，没有量纲），否则就不会形成我们观测到的宇宙星团结构。后来，COBE 合作组通过精密的测量证实，宇宙介质的扰动阈值约为 5×10^{-6}，这支持了宇宙中物质聚集结团的机制，并且与"大爆炸"理论相吻合。

至此，在粒子间的相互作用下，宇宙中终于诞生了有结构的物质……

本章给出了在宇宙这个宏大的时空中的一般存在和变化的图像，对宇宙总体进行了描述。可光看到这个大趋势似乎有点儿不让人满足。正如我们经常说的，不能"只见树木，不见森林"，但也不能"只见森林而不见树木"。关于恒星的生老病死过程，我们在下一章具体讨论。

第 6 章

恒星物理学

古时的人们希望通过解读恒星的姿态得到一些有关人世兴衰的信息，大到国家兴亡、战争胜败、显赫人物的命运浮沉，小到婚丧嫁娶、出行宜忌之类的鸡毛蒜皮。事实上，除了太阳，那些可见的恒星距我们至少有几光年，此刻我们看到的恒星，是它们在很久很久前的状态。所以，通过星象预言未来当然是无稽之谈。然而，我们可以这样来看待宇宙：天上的一切都和我们这颗渺小的行星有关。李政道先生的"以天之语，解物之道"正是对这个领域最精深的理解。

太阳为什么会发光

作为与我们关系最亲密的恒星，太阳是天体物理学家研究恒星能源机制的主要对象。太阳为什么会发光？它所消耗的燃料究竟是什么？

如今我们知道，维持地球上生命所需的光和热全部源于太阳。太阳赐予地球的能量，相当于每秒发生数百万

次，甚至更多次破坏力极强的核爆，而这已经持续了大约
50 亿年。"燃烧"是一种化学反应，从本质上讲，就是分
子结合能的释放，无论是煤炭、木柴，还是其他燃料，都
不可能支持这种量级的能量释放。

20 世纪初，爱因斯坦发现质量和能量能够互相转换，
其定量关系式为：

$$E = mc^2$$

这被称为质能方程，其中，E 指的是能量，m 为质量，常
数 c 代表真空中的光速，约为 3×10^8 m/s 。

从这个式子中可以看出，即使是很微小的质量，最终
也可能转化成极高的能量。这为后来物理学家揭开恒星发
光的秘密指引了一条道路。

1938 年前后，贝特最终找到了答案——核聚变。太阳
是一颗气态恒星，其主要的成分是氢。在极高的温度下，
4 个氢原子核（共 4 个质子）结合形成 1 个氦原子核（$^4_2$He，

氦的一个重要核素，包含 2 个质子和 2 个中子），质量发生损失，从而释放出极大的能量。这是一个链式反应，一旦启动，将像被推倒的多米诺骨牌一样连续反应下去，能量也会源源不断地释放出来（见图 6-1）。

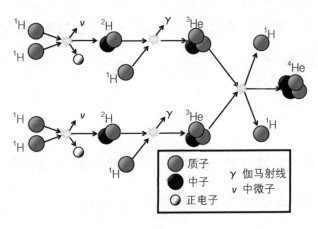

图 6-1

图中展示的是一个链式反应，4 个氢原子核生成 1 个氦原子核、2 个正电子、2 个中微子，并释放出大量能量。

不过，我们前面也说了，核聚变反应的启动需要极高的温度。它从哪里来呢？答案是来自引力势能的转化。

在上一章中，我们介绍了由于宇宙中涨落机制的存在，部分物质在引力的作用下发生碰撞和聚集，越来越多的物质加入这个群体，这就是最早期的恒星形成过程。此时，构成天体的物质尚不够多，远远赶不上宇宙介质的作用，所以说小恒星的形成和稳定与宇宙介质的扰动是不相关的。而天体内核不断吸收大量外围的宇宙物质，乃至与另外一个或几个小天体并合而变得越来越大时，在自引力的作用下，这些物质不断向天体中心坍缩，压力便越来越大，引力势能便转化成了热能。天体内部的温度逐渐升高，在某一时刻，达到了氢发生热核聚变的门槛，于是这个天体就被点燃了，一颗恒星就此诞生！

恒星的一生

如前所述，自引力使结团的物质紧密堆积、向内坍缩。最终，在热核反应启动的那一刻，恒星诞生了。太阳维持当前这种状态已经大约 50 亿年了，估计还能继续维持 50 亿年左右。

太阳内部的热核反应，即质子与质子的碰撞，会释放出能量为 25 MeV 的光子。由于距离很远，我们可以将太阳看作一个点光源，根据它到地球的立体角的能量收益，我们就能计算其他相应的量。有趣的是，太阳每释放出大约 25 MeV 能量，就会同时产生两个电子中微子，很多与中微子有关的故事就从这儿开始了。对此有兴趣的读者可参考《中微子猎手：如何追寻"鬼魅粒子"》一书。

在太阳的一生当中，最重要的事情是保持自身的平衡。

热核反应产生的"光压"（光子的动能转化）对恒星物质施加向外的正压强，与此同时，巨大恒星质量产生的自引力对应向内的负压强，起到压缩恒星物质的作用，它们之间的抵消作用使得太阳及类似的恒星维持着平衡状态。恒星，如我们的太阳，保持了相对稳定的边界，既不会过于膨胀而崩散到宇宙中，也不会无休止地向内坍缩。黑洞便是由于大质量恒星失去了这种平衡，不断坍缩而形成的。当然，太阳内部的热核反应并不是处处均匀的，这才有我们经常观测到的黑子爆发等太阳的扰动现象。总体而言，太阳维持这种类稳态已经几十亿年了。

然而，恒星的这种相对稳定的状态是不能永远维持下去的。热核反应的产物——中微子和光子——都会离开，带走一部分能量。留下的氦元素在高温环境下还会参加新的热核反应，从而产生能量和原子序数更大的元素。太阳的质量在恒星中算是比较小的，因此它在产生比较重（也就是原子序数更大）的元素后，内部的热核反应就会停止。这是因为更重的元素间的热核反应需要更高的温度来支撑，而更高的温度来自恒星坍缩过程中引力势能转换的热能。由于太阳的质量不够大，自身的引力势能转换的热能无法提供进一步热核反应所需的高温环境，因此到生成碳元素之前，热核反应就停止了。如果恒星质量足够大，那么它在生命末期的热核反应最终留下的是铁元素。铁元素是稳定的元素，通常不会参加新的热核反应（见图 6-2）。

图 6-2

热核反应并不能永远持续。当恒星的燃料在亿万年间耗尽后，它将迈向自己的归宿。不同质量的恒星有不同的"死"法，留在宇宙中的残骸也不相同。

当质量小于 2.3 倍太阳质量（我们用 $M_\odot$ 表示太阳质

量，作为宇宙学中的一个标准质量）的恒星演化到晚期时，其核心部分的燃料氢元素已逐渐燃烧殆尽。在自引力的作用下，核心部分迅速坍缩，引力势能转换成热能，恒星温度升高，将核心外的物质推开，这使得它的外壳膨胀开来。外壳中的氢在高温环境下开始聚变为氦，而核心的氦在更高的温度和压力下开始燃烧，使恒星外围物质愈加膨胀，随之表面温度降到大约 4000 K，发出红色的光，整颗恒星便成了一颗又大又红的"红巨星"。恒星的核心部分在燃料耗尽后，会在自引力作用下急速收缩，但由于其自身的质量相对不够大，引力势能转换的热能不足以引起更重的元素（碳、硅等）燃烧。这时，恒星的碳氧核心失去活力，内部压力越来越大，根据泡利不相容原理，原子周围空间中电子的进一步压缩被阻止。此时星体核心的体积很小，光度也很小，星体的外壳继续膨胀，直到与核心分离，扩散到很大的空间范围，形成由弥漫物质组成的行星状星云。行星状星云会以大约每秒几十千米的速度膨胀，越来越稀薄的它会在约几万年后被宇宙风完全吹散，只剩下中间的"白矮星"。

为了便于读者理解，我们简单介绍一下泡利不相容原理。物理学家泡利在研究原子结构时发现了一条"禁令"，那就是两个电子不可能处于同一量子态。如果我们违背自然的意愿，试图把两个自旋方向相同的电子挤到一处，强迫它们进入相同的量子态（空间中的相同位置），就会出现一种"排斥力"——简并压——来对抗这种挤压，使两个电子保持互相分离的状态，即"简并态"。"简并压"好似一道高墙，使收拢的粒子终究不能靠得太近。正因如此，太阳质量大小的恒星，其结局便是白矮星了，不会进一步坍缩。

由太阳演变而成的红巨星在被宇宙风吹散之前可能会迅速膨胀，进而吞噬整个太阳系。那时地球上的一切都会被这 4000 K 的高温摧毁。再经过若干亿年的冷却，白矮星变成黑矮星，就此永远地成为宇宙中的黑暗幽灵。

对于质量为 2.3 $M_\odot$ ~ 8.5 $M_\odot$ 的恒星，当它核心的氢元素燃烧完毕后，通常会进入平稳的氦燃烧阶段。如果是质量超过约7 $M_\odot$ 的恒星，表面温度能够达到10 000 K，当氦元素燃烧完后，剩下的碳氧核心继续收缩，由于其质量很大，引力势能可以转换为更高的热能，导致温度急剧升高，碳和氧的热核反应以惊人的高速进行，来不及以核心膨胀的方式使温度下降，碳就燃烧殆尽了，这个过程即为"碳闪"。这会在短时间内释放巨大的能量，足以导致恒星爆炸，构成恒星的所有物质被抛撒到宇宙空间，什么都不会留下，这便是I型超新星爆发。如果它没有发生超新星爆发，最后的归宿也是白矮星或黑矮星。

如果恒星质量大于 8.5 $M_\odot$，那么氢、氦以及碳元素得以平稳燃烧。碳元素燃尽时，恒星会达到 10 亿 K 的高温，氧聚变随之开始，剩下的"炉渣"是硅、磷和硫元素。如果质量再大，恒星温度可以升到 20 亿 K，这些"炉渣"又可以参加热核反应，直到剩下铁才停止。这时恒星由已停止热核反应的等离子态的铁核心和仍在分层燃烧的外壳组成。当热核反应产生的中微子带走大量能量后，恒星自引力起了主导作用，星体核心暴缩，速度可达 10 000 km/s，使得大量的中子密集生成。这是由于引力势能实在太强，泡利不相容原理所描绘的那道保护墙就会被冲破，原子中的电子被压到原子核中，电子和质子碰撞生成中子和中微子，中微子逃逸后，剩下的就是中子了。这时星体外围的物质以超过 4000 km/s 的高速与中子核心碰撞，然后被反弹回来，与正在向内坍缩的物质相撞，形成强大的冲击波。这股巨大的能量会把整个恒星物质粉碎，之后，大部分外层物质向外膨胀，核心部分留下一颗高度致密的天体，即中子星。如果原本的恒星质量更大，在坍缩的过程中引力势能甚至冲破了中子的简并压，那时就连费米子都不会存在了。在缺乏竞争对手的情况下，恒星的自引力将主宰进一步的演化，结果就是坍缩成黑洞了。

要了解恒星的更多知识，推荐大家阅读南开大学苏宜教授所著的《天文学新概论》及《星海求知：天文学的奥秘》。

黑洞

虽然本章名为"恒星物理学"，但黑洞的形成与其密切相关。现在，是时候让我们转向探索黑洞背后的物理学了。

　　黑洞听起来很神奇，是个吃东西不吐核儿的怪物。其实黑洞也和白矮星、中子星一样，是恒星死亡后的尸体而已，只不过它生前的质量很大，是恒星在死亡的进程中克服了中子星的中子简并压而形成的。当年，法国天文学家皮埃尔－西蒙·拉普拉斯假定有某种天体的质量非常大，物质要想冲破它的引力束缚，逃逸速度（就像使人造卫星摆脱地心引力的第二宇宙速度 11.2 km/s）必须比光速还大。如果连光都不能逃逸出去，对外界来说它就是黑的，于是这个大质量天体就被拉普拉斯命名为"黑洞"。众所周知，当研究大质量天体时，牛顿的万有引力定律就要被爱因斯坦的广义相对论所代替。根据广义相对论，光线在经过大质量天体周围时会发生弯曲。1919 年发生了一次日全食，英国物理学家亚瑟·埃丁顿利用这次机会，用实验验证了这一说法，广义相对论从此被广泛接受。那么怎么用广义相对论来研究黑洞呢？

爱因斯坦的理论指出，大质量天体会使时间和空间发生弯曲。这句话有些令人费解，简单来说，就是 $x=vt$ 的线性关系不成立了。为了解决牛顿的引力方程的不足，以及推广狭义相对论，爱因斯坦建立了广义相对论，相应的引力方程为：

$$G_{\mu\nu} + \Lambda g_{\mu\nu} = \frac{\delta\pi G}{c^4} T_{\mu\nu}$$

这是一个很复杂的非线性方程，至今只有施瓦氏解等几个解。简而言之，方程左边描述了时空的几何结构，而右边描述了物质和能量如何分布，这是个自洽的方程。重要的是，爱因斯坦用时空弯曲这一全新的观点解释了物体的运动：在一个弯曲时空中，物体运行的轨道叫测地线，它会被时空所弯曲。这和牛顿引力理论中物体因受到引力作用而产生弯曲的运动轨迹在视觉上可能相似，但背后的物理原理是完全不同的。

爱因斯坦的广义相对论解决了宇宙学中的很多问题，并且得到了实验观测的支持。比如，为了保证全球定位系统和北斗卫星导航系统的测量精度，必须要考虑广义相对论效应。但广义相对论也存在一些目前无法克服的困难，比如它和量子理论不相容，这也许是 21 世纪物理学家所面临的最大的一个难题。

从科学发展史的角度看，爱因斯坦的广义相对论虽然非常成功，但科学家仍在探索一个能够描述所有基本相互作用的终极理论，而且并不是所有理论家都完全认可广义相对论的某些解释和预测。例如我国的吴岳良院士提出的"超统一场论"以及李惕碚院士提出的关于宇宙和物理学的新理论，都是在探索广义相对论的潜在扩展或新的理论框架。科学探索从来不拒绝新的看法及对旧理论的挑战，物理学就是从剧烈的新旧对抗中成长起来的。我们对新思想、新理论一直抱有欢迎的态度，在学习和验证的尝试中提高自身的认知能力。

本书是一本面向广大初学者的科普书，因此我们只限于介绍目前比较成熟和被多数科学家接受和应用的内容，不涉及有争议和有待进一步发展的理论。

　　回到本章的主线，图 6-3 是一幅简单的示意图，展示了黑洞的形成过程。此图的纵轴是时间轴，横轴是空间轴。由于大质量天体的存在，时空将向其内部汇集，那么它表面的光线也就不能向外部空间伸展了。

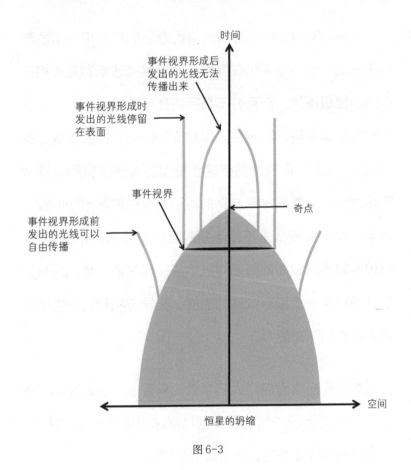

图 6-3

经过全世界多个宇宙观测站的共同努力，我们终于在 2019 年看到了黑洞的真实照片，如图 6-4 所示。

照片由欧洲南方天文台（ESO）提供，由事件视界望远镜（EHT）合作组拍摄

图 6-4

这是人类第一次拍到黑洞照片。以前为什么拍不到？因为使用的射电天文望远镜的分辨率不够高。在改进了观测设备和提高计算机的计算能力后，人类才得到了这张具有历史意义的照片。

黑洞似乎是只吃不吐的恐怖天体。任何物质如果落入黑洞，就都无法逃脱了。即使光进入黑洞，也会被束缚在黑洞中。此时你可能会有一个疑问：在图 6-4 中我们看到中间的部分是黑洞，那么外面围绕的发光物质是什么？为什么它们没有被黑洞吃掉？那是围绕黑洞运动的小恒星之类的星际物质，因为它们正在运动，所以还未落到黑洞的事件视界之内。这就好像地球和各大行星绕太阳公转，而没有被太阳吃掉。

黑洞是否就真的会不断吸收物质而变得越来越大？不是的。霍金的研究指出，由于量子力学的作用，黑洞会吐出一些东西，至于这些东西是什么，完全是随机的。乃至吐出一部电视机（玩笑话）都是可能的，只是这个概率实在太小太小了，得在小数点后面加上数不清的零。这个过程被称为霍金辐射。黑洞越大，它的温度就越低，辐射就越少。换句话说，黑洞越大则越稳定，小的黑洞可能会由于霍金辐射而消失。甚至有理论指出，霍金辐射使黑洞变小，最后可能导致黑洞爆发，成为一个与黑洞性质完全相反的白洞，将原有的物质喷向四面八方。目前白洞仅为一个理论模型，尚未被观测所证实。

此外，黑洞可能和其他的大型宇宙天体发生碰撞。例如前几年我们发现的引力波，就是由于两个黑洞碰撞而形成了一个质量更大的黑洞，在产生引力波的同时也伴随着大量光子和中微子的辐射，从而被地球上的观测站"看"到的。至于小恒星被它碰到的话，就会被吃掉。

从宇宙诞生至今的大约138亿年中，黑洞的数目是很大的，有理论指出它们的数目甚至超过我们今天看到的发光恒星。黑洞的存在很大程度上影响了星系中恒星的分布。几年前，根策尔和盖兹领导的两个研究组在银河系中心区域，发现了一个无法直接观测的大质量天体，它正"拉"着恒星混乱运动。在这个不超过太阳系尺度的小小的区域中，大约有400万个太阳质量的天体聚集在一起。哈，这里显然有一个黑洞!

在探测宇宙中星体、星云的结构方面，由于设备的改进以及计算机分析能力的飞速发展，人类对它们的了解将越来越深入。但是，人类在宇宙中毕竟是渺小的存在，所以前面的路还很长很长。

第 7 章

宇宙学中的未解之谜

在开始本章之前，我们首先进行一下回顾。

还记得图 3-1 吗？宇宙从"大爆炸"诞生开始，经历了暴胀，而后进入了较为平稳的演化阶段。随着宇宙温度降低，费米子（电子、μ子、τ子等轻子，以及夸克）从希格斯场获得质量；夸克在胶子传递的强相互作用下形成强子，其中就包括组成大千世界的质子和中子。

质子、中子形成后，由于涨落机制的影响，它们逐渐聚集，并吸引电子而形成轻元素——氢和氦，这是形成恒星的主要元素。在经过宇宙介质的扰动以及聚集团自引力的竞争后，银河系和其他星系、星团便形成了。尽管在这个过程中有很多惊天动地的猛烈事件，如恒星的产生和衰亡、超新星爆发等，但总体来说整个宇宙的演化是比较平稳的。

恒星内部的热核反应在消耗自身的同时，辐射出大量的光子和中微子，形成了我们看到的群星闪耀的灿烂星空。当这些恒星的核燃料耗尽后，就会按上一章描述的物理过程那样走向毁灭。死去的恒星会吸引周围的星际物质，也可能和其他死去或仍然活跃的天体碰撞，进而并合成一个大天体。在自引力的作用下，新形成的天体向中心坍缩，引力势能转换为热能，其核心的温度会急剧上升，最终达到中心的物质（主要还是氢和氦）的点火温度，热核反应又开始了。于是，这个新的聚合体又成了一颗活跃的恒星。

宇宙不是看起来那么平庸，而是充满令人困惑的现象，其中大多数至今仍然是未解之谜。接下来就让我们关注宇宙学中那些至关重要但没有被解决的问题。

消失的反物质

量子物理学先驱保罗·狄拉克在求解他导出的相对论性量子力学方程时，意识到电子应该存在与之对应的反粒子。为了解释为什么现实环境中没有大量的电子的反粒子，他提出了真空的理论模型"狄拉克海"（Dirac sea），即电子的反粒子是作为真空海中的"空穴"存在的。这实际上预言了正电子的存在。后来安德森在宇宙线中发现了正电子，从而证实了狄拉克的理论。因此，狄拉克也被称为"反物质之父"。值得一提的是，在发现正电子的过程中，我国老一辈物理学家赵忠尧先生发挥了很大作用。

反物质，即正常（普通）物质（粒子）的镜像。以最先发现的正电子为例，它除了带正电荷这一性质，质量等性质都与电子一样。

如果普通物质与反物质相遇，会发生什么？湮灭！比如，当一个电子和它的反粒子，也就是正电子碰撞的时候，粒子和反粒子将完全消失，质量也全部转化成能量，以光的形式释放出去。根据爱因斯坦质能方程 $E = mc^2$，湮灭过程中释放的能量极为惊人。想象一下：在煤和油的燃烧过程中，只有 10 亿分之一的质量转化成了能量；原子弹爆炸的时候，只有不到 1% 的原子质量转化成了能量；

而普通物质和反物质碰撞的时候，100％的质量都转化成了能量。打个比方你就明白了，只需要 1000 克反物质，其与普通物质碰撞湮灭后所释放的能量，几乎可以满足全世界一天的全部能量需求。

凭借这一诱人特性，在科幻作品中，总是会出现反物质的身影。例如，在电影《星际迷航》中，反物质是星际旅行的基础，"企业号"星舰正是以普通物质与反物质湮灭所产生的强大能量作为推力，实现超光速飞行的；在《天使与魔鬼》这部小说中，欧洲核子研究中心（CERN）的科学家在实验室中制造出了反物质，有人图谋偷出 0.25 克反物质去搞破坏；在刘慈欣的小说《白垩纪往事》和《三体》中，反物质则常被用于制造尖端武器。

狄拉克曾经预言，除了我们生活着的这个由普通物质组成的世界，还存在着"反世界"，比如由反物质组成的星球。可事实并非如此。我们在普通自然环境中很容易找到带负电荷的电子和带正电荷的质子，而很难找到带正电荷的正电子和带负电荷的反质子。那么，反物质都去哪儿了？为什么我们只见到普通物质，而几乎找不到反物质呢？这就是"反物质消失之谜"。我们看到一只膨胀的气球上横亘着一道巨大的斑纹，但追溯原因，很可能只是其干瘪时被记号笔轻轻地画了一道；突如其来的一场风暴，究其原因，不过是很久以前两只蝴蝶轻轻扇动了翅膀。要回答反物质为何消失这个问题，我们同样要向前追溯，寻找更微观的原因。这个原则被称为还原论（reduction）。奥地利物理学家路德维希·玻尔兹曼提出，要用微观粒子的运动解释宏观现象，也就是将理论一层一层地推下去，期望最终得到自然界最基本的法则。这是我们一直笃信的原则，我们应该回到宏观宇宙的初始，从宏观的宇宙现象追溯到基本粒子之间发生的物理过程，如图 7-1 所示。

单位: cm

10^{30}

10^{25}　银河系

10^{20}　最近的恒星
　　　　太阳系

10^{15}

10^{10}　太阳
　　　　地球
　　　　山

10^5　　人类

1

10^{-5}　DNA
　　　　原子

10^{-10}

10^{-15}　原子核

10^{-20}

10^{-25}

图 7-1

　　现在的宇宙学研究者普遍认为宇宙起源于"大爆炸"。之后，初生的宇宙处于一个极端高温和高密度的状态，在任何方面都没有显示出任何倾向，中微子也应该是左旋和右旋都存在，等等。总之，什么有特色的标记都不存在。

　　接着，光子碰撞产生正负电子和正反夸克，同时也可以反过来，正负电子和正反夸克逆向生成光子。如果一直都是这种状态，那么如今反物质应该与普通物质一样多。但是，这一双向反应在严格遵循对称的同时，又存在着非常细微的不对称性。每 10 亿对粒子中，普通粒子数就会比反粒子数多一个，也就是普通粒子与反粒子产出的数量比是（10 亿 +1）：10 亿。"大爆炸"后第 13.82 秒的时候，光子碰撞产生粒子的过程结束；到 3 分 46 秒时，宇宙温度降至 9 亿 K，氦原子核形成，自由中子消失，10 亿个普通粒子和 10 亿个反粒子互相湮灭掉了，只剩下 10 亿分之一的普通粒子留存下来，形成了当今的宇宙。

　　可以看出，正是早期宇宙那极其细微的不对称性（破缺），使反粒子不再能与普通粒子分庭抗礼，并彻底消失。如果宇宙没有这一点点破缺，而是保持完全严格对称，就不会有今日的世界了。

然而是什么物理机制导致这细微的不对称性呢？

让我们从物理学中三个重要的分立对称性（C、P 和 T）说起。C 表示电荷对称性，P 表示宇称对称性，T 表示时间反演对称性。这几个对称性分别指如果将电荷变号、空间翻转以及时间倒流，整个物理图像保持不变。从经典物理到相对论，都认为 C、P 和 T 对称（也称守恒）是天经地义的事，然而自然界是否真是这样的，还需要实验予以证实。

20 世纪中叶，为了揭开当时令所有理论家困惑的 $\theta-\tau$ 之谜，李政道和杨振宁提出了弱相互作用的哈密顿量中存在破坏宇称守恒的因素，而后他们的论断被吴健雄等人在实验中用钴 –60 的 β 衰变证实。这在当时是石破天惊的大革命，多年来被人们奉为金科玉律的宇称守恒被打破。

几位大人物，如泡利、朗道、费曼，都受到了震惊。当理论中根深蒂固的认知被破除后，人们开始寻找另外两个分立对称性不守恒（破坏）的实验证据，并且很快就在 K 介子衰变中发现了 CP 破坏，后来又在较高能的粲能区进一步证实了 CP 破坏，而这已成为当今高能物理学的一个重要研究领域。顺带说一句，一种错误的理解是，CP 破坏是指 C 或 P 中任意一个破坏，那么它们的乘积就出现一个负号。实际上，应是 C 和 P 要同时破坏，而并不是一个简单的 CP 为 –1 的过程。

为什么这项研究吸引了这么多理论家的关注？因为宇宙学对它的需求是迫切的。它可以帮助我们理解为什么反粒子的"死亡率"要高过普通粒子。1973 年，卡比博、小林诚和益川敏英确认在三代夸克模型中存在一个可以混合不同"味"夸克的矩阵。这个矩阵包含一个 CP 破坏相位，有了它就能在哈密顿量中自然引入 CP 破坏项。然而，标准模型的卡比博 – 小林 – 益川（CKM）机制造成宇宙中的不对称为：

$$\frac{\Delta n_B}{n_\gamma} \sim 10^{-20}$$

这离理论要求的 10^{-10} 还差太远……

早些年，许多科学家曾希望构建一个大统一理论，从而找到更合理的解释。典型的大统一理论要求 B－L（重子数与轻子数的差值）守恒，也就是说，如果重子数减少一点，那么轻子数也必须减少同样的数值。大统一理论预言了质子衰变的周期是 10^{29} 年，但世界上多个实验室经过多年的努力也没找到质子衰变的迹象，现在给出的质子（按现有理论，质子是最稳定的粒子）衰变所对应的周期下限为 10^{35} 年。宇宙学要求存在重子数不守恒，而地球上的实验却找不到重子数破坏的证据，两者间的矛盾如何解决也是 21 世纪物理学家的重要课题之一。

暗物质之谜

人们仰望星空时，也许会觉得这就是宇宙的基本结构了，多年来人们满足于这样的理解。试想如果知道那些可见物质只占宇宙总质量的 5% 左右，他们会是多么震惊。可这的确是事实。

暗物质存在的最早证据是弗里茨·茨维基在观测邻近的后发星系团时发现的。类似于众多恒星凑在一起而形成星系，所谓"星系团"，指的就是成百上千的星系在引力的作用下聚集结团，它是宇宙中质量最大的自引力束缚体系。1933 年，茨维基利用威尔逊山天文台的超大望远镜，仔细地观测了此星系团中最为显著的 8 个星系的运动。在已知星系团质量分布的情况下，根据万有引力定律，这 8 个星系围绕星系团中心的转动速度是能够被计算出来的。茨维基将实际观测的结果与计算的预期值进行对比后发现，8 个星系在星系团内部绕行的实际速度远远超过预期。

这该如何解释？这些星系怎么能达到这样大的速度呢？从理论上讲，星系团的质量必须比观测到的可见物质的质量大 400 倍才可能形成这种状况。也就是说，人们此前大大低估了后发星系团的质量。茨维基断定，除了发光恒星这类可见物质，星系团中必然还隐藏着一些看不见的成分，而这些成分的质量显然是更具决定性作用的。在论文中，茨维基将这种看不见的成分称为"暗物质"。1970年，天文学家薇拉·鲁宾在观测星系的旋转曲线时发现，在星系边缘旋转的发光恒星的速度与使用万有引力定律计算所得的结果不同。恒星的速度应该随远离星系中心距离的增加而减小：

$$v(r) = \sqrt{\frac{GM(r)}{r}}$$

但她发现，这些恒星的旋转速度并没有下降，而是接近常数（见图7-2）。这说明在星系中心存在大量看不见的暗物质。

除了这个明显的证据，还有一些别的例证。例如，两个星系碰撞后的发光中心和质心不在同一个位置，如图7-3所示，这是由于不参与电磁相互作用的暗物质会飞得更快，使质心前移。

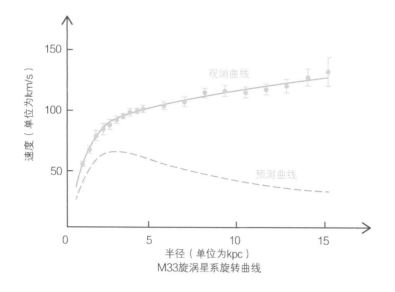

M33旋涡星系旋转曲线

图 7-2

图 7-3

天文学数据分析结果显示，宇宙中的可见物质大约只占宇宙总质量的 5%，而暗物质约占 27%。至于约占 68% 的暗能量，我们将在第 10 章中讨论。根据李 – 温伯格极限理论进行计算，当宇宙温度和物质密度降低到一定程度时，暗物质的分布就稳定了（假定暗物质粒子不能衰变），这个过程被称为"热退耦"。现在，最紧迫的问题就是弄清楚暗物质是什么，以及它能否被归进我们所知的物质结构和相互作用的理论框架。

目前，我们了解到自然界中存在 4 种基本相互作用（或者说是力），分别是引力相互作用、电磁相互作用、弱相互作用和强相互作用。暗物质不能被看见，不是因为它会吸收光，而是因为它根本不与光发生作用。光是一种电磁波，显然，暗物质不参与电磁相互作用。与此同时，暗物质也并非被束缚在强子内，自然也不参与强相互作用。如此一来，在标准模型的框架内，除了引力相互作用，暗物质只可能参与弱相互作用，像中微子那样，或者参与标准模型之外的我们还不了解的相互作用。对暗物质的直接探测，就是基于它可能和地球上的大型探测器发生弱相互作用，从而给科学家一些可观测的信号。目前最可能的暗物质候选者是所谓"冷暗物质"。它应该很"重"，能达到几十吉电子伏（GeV）。而在宇宙空间游荡，它的动能不会很大，目前认为它在星系中的运动速度可能在 200 km/s 左右。20 世纪，温伯格和李辉昭提出中微子可能是暗物质，但后来对中微子的检测结果表明，中微子的质量上限不会大于零点几电子伏，它如此轻，不可能占宇宙总质量的 27%，因而不会是暗物质。即使假设暗物质的质量有 50 GeV，它的动能也只能达到 keV 的量级，而原子核内的强相互作用在 MeV 量级，因此暗物质粒子与原子核的碰撞只能是弹性的，即不能改变原子核的性质，只能使原子核移动。这样看来，即使暗物质存在并和原子核碰撞，信号的可鉴别度也会很低。除此之外，宇宙线的干扰也很强，因而寻找暗物质的装置一般都深埋在地下。中国锦屏地下实验室就是目前世界上做得最好的探测站之一。寻找暗物质的另一个途径是卫星探测，我国发射了装载暗物质探测器的"悟空"号暗物质粒子探测卫星，希望和地球上的探测站、实验室联合起来，寻找可能的暗物质粒子。

　　当然，即使捕捉到暗物质或者看到它的迹象，我们仍然无法鉴别它是何种粒子，但是这会给我们带来有关暗物质的信息，推动进一步的研究。只有当我们根据这些信息在地球上的大型加速器上将相关的粒子"撞"出来时，大功才算告成。路还很长，也很艰难！

　　宇宙是浩瀚的，虽然我们弄懂了一点，但还有大量的奥秘隐藏着。包括本章中提及的两大问题——"为什么我们周围的自然界只有普通物质，反物质到哪里去了？"以及"暗物质到底是什么？"——在内，一切问题的答案都还需要天文理论和观测技术的不断进步，以及创新性思想的提出。说不定问题能在 21 世纪解决呢？

第 8 章

时空的"涟漪"——引力波

爱因斯坦在写出广义相对论方程后不久就预言了引力波的存在，但直到 2015 年世人才真正探测到它。这个成果不仅证明广义相对论的正确性，还为大爆炸宇宙学、黑洞与中子星的形成，以及它们在宇宙中的分布等方面的研究提供了支持。

那引力波是怎样产生的呢？

引力波源于大质量黑洞之间、中子星之间以及黑洞与中子星的碰撞并合。探测与研究引力波，能帮助我们了解宇宙天体的分布信息以及这些大质量致密天体的结构和演化规律。进一步看，我们还能对伴随引力波产生的中微子流和宇宙中的高能光子流有所了解。

时空的涟漪

2016 年 2 月 11 日，美国激光干涉引力波天文台（Laser Interferometer Gravitational-Wave Observatory，LIGO）和

美国国家科学基金会(National Science Foundation,NSF)联合召开新闻发布会,向全世界宣布人类于 2015 年 9 月 14 日第一次直接探测到了引力波,它来自大约 13 亿光年之外的遥远宇宙空间,由两个黑洞碰撞并合所引发,这显然是在宇宙尺度上对爱因斯坦广义相对论进行检测与判断的重要实验。引力波很快成为各大网站、论坛中的热门话题。什么是引力波?它为何能够带来如此巨大的轰动?

一言以蔽之,引力波就是"时空的涟漪"。物理学家约翰·惠勒对于广义相对论有一句名言:"物质告诉时空如何弯曲,时空告诉物质如何运动。"由此可知,物质质量分布发生改变时,会引起周围时空的振动。这种振动以光速向外传播,便形成了引力波。这就好像将一颗石子投入湖中,原本平静的水面荡起一阵涟漪。同样的道理,我们常把时空比作一大片无限扩展的弹性网格(见图 8-1)。试想一下,当网格上面有一颗很重的铅球突然滚动时,网格的形状是不是也会发生改变并产生一阵阵剧烈的振动?

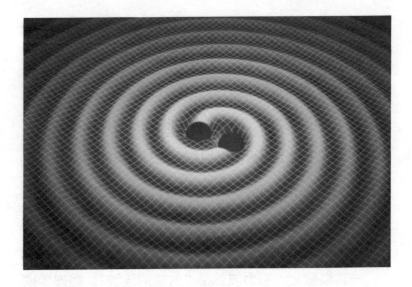

图 8-1

探测引力波

2015 年，LIGO 科学合作组织经过多年准备，终于利用引力波探测器（见图 8-2）探测到了爱因斯坦在一百多年前预言的引力波。这是怎样实现的呢？

一个 36 倍太阳质量的黑洞与一个 29 倍太阳质量的黑洞互绕，碰撞后形成了一个 62 倍太阳质量的大黑洞。这显然是对时空的巨大扰动。在此过程中损失的能量以引力波、光波和中微子流的方式辐射向浩瀚宇宙，而地球上的探测器恰好捕捉到了这些信号。

图 8-2

引力波到来时，两条激光臂的方向和引力波的方向有个夹角，因此它们受到的影响也不同，这导致两条激光臂的长度会被微微改变，并且改变的幅度也有些许不同，那么，在接收装置上产生的干涉条纹就会位移。干涉条纹的位置由两束激光的相位决定，相位取决于它们经过的光

程。根据条纹的位移情况，科学家就得到了引力波的信息
（见图 8-3）。

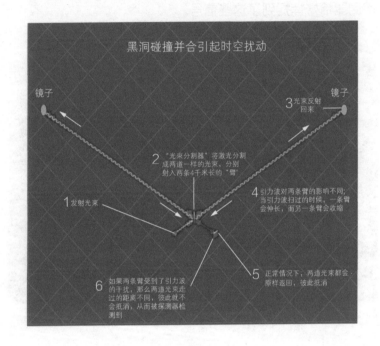

图 8-3

整个实验的物理图像很清楚，但探测起来依然很难。
首先，引力波只能造成激光光程约 10^{-18} 米的位移，也就是
一个质子直径的千分之一，这就要求对干涉条纹的测量必
须非常精确。其次，怎么判断干涉条纹移动真的来自引力

波？这么小的改变可能来自任何地面干扰。即使在人迹罕至的地区，人为影响还是不能完全排除，汽车经过造成的偶然震动也会造成十涉条纹的移动。

为了排除这种干扰，LIGO 科学合作组织在美国华盛顿州的汉福德和几千千米之外的路易斯安那州的利文斯顿各安置了一套完全相同的装置，以此保证只有引力波出现时，两套系统才会探测到完全相同的信号。并且，只有记录时间和信号形状完全一致时，才可以确认是引力波的信号。

在这么复杂的实验中得到如此精细的结果，难怪 2017 年诺贝尔物理学奖授予了主导 LIGO 探测器建设和引力波观测工作的 3 位科学家。

显然，探测器的激光臂越长，产生的信号就越清晰，但在地面上建造 4 千米长的钢管，并将其抽成真空，已经几乎竭尽人类所能了。要进一步提高测量精度，只有指望"上天"了。

中国拟建立两套探测引力波的卫星系统——"太极"和"天琴",每一套系统需要 3 颗卫星,它们之间的距离可以是几千甚至上万千米。靠此,科学家对激光光谱变化的测量就会精确得多,而且不必再顾及汽车造成的干扰啦!

原初引力波

我们今天观测到的引力波的震源扰动来自黑洞、中子星等大质量天体的碰撞并合,传播的媒介就是空间。而更让研究者与爱好者着迷的,是来自宇宙诞生时期的"原初引力波"。

原初引力波是宇宙诞生之初的时空涟漪。可以想象,宇宙诞生之初,必然伴随着质量分布的巨大改变,就好像一块巨石被投入湖中,湖面波动极为剧烈。物理学家之所以对原初引力波格外感兴趣,是因为它像留声机一样忠实地记录了宇宙在极早时期所发生的一切,并将这些信息传递到宇宙的每一个角落。循着这些蛛丝马迹,我们便能进一步窥探宇宙在诞生之初的状态,以及量子涨落效应是如何引起暴胀并影响宇宙的进一步演化的。

在暴胀阶段的高能量与极小的空间尺度上,量子效应起到了关键作用,即量子尺度的涨落迅速撑开成宏观尺度。可惜的是,原初引力波的强度会随着宇宙的膨胀而衰减,前文介绍的 LIGO 探测器此时就无法发挥作用了。

那么,科学家打算怎么测量原初引力波呢?

研究者将目光转向宇宙微波背景辐射的极化,希望借此找到原初引力波的迹象。就是说,要探查一下宇宙微波背景辐射呈现出什么特征以及出现什么方向的改变,从而反推原初引力波的情况。这就好比我们看到磁针的指向时,便知道周围那块磁铁是怎样放置的。这里要强调一点,我们今天观测到的大质量天体碰撞并合产生的引力波,会随着震源距离的增大而衰减并最终消散。而原初引力波产生于暴胀阶段,然后就在整个宇宙中传播,它和膨胀的宇宙一起存在,逐渐衰减,但弥漫在宇宙的各个角落。

当早期宇宙中的电子与原子核形成中性原子时，光子即发生退耦，原则上它们没有任何极化方向，会朝宇宙的任意方向飞去，并弥漫在整个宇宙中。但实际上，光子有可能受到某种影响而产生极化。

如图 8-4 所示，一种是所谓"E 模式"，呈无旋的梯度型偏振，对应着标量型的扰动，它可由密度涨落或引力波产生。另一种是所谓"B 模式"，呈螺旋状，对应着光子的偏振方向发生旋转，有点儿像磁场的行为。但 B 模式无法通过密度涨落产生，只能由引力波引起。

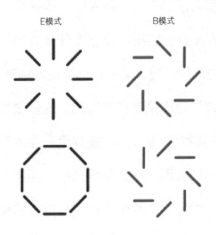

图 8-4

　　所谓无旋的偏振，是指所有的辐射"直来直去"，它们从一个区域发出，射向周围，指向无穷远，如图 8-4 中 E 模式的上面的图，无穷远意味着有始无终。而在下面的图中，辐射线首尾相接，无始无终。B 模式有旋转，出射方向不是径向，而是围绕原来区域旋转。微积分告诉我们，要产生改变方向的旋转，背后必定有一个旋转矩阵在发挥作用，因而 B 模式必定对应一个旋转矩阵。

　　根据爱因斯坦的理论，引力场由张量描述，称为 Ricci（里奇）张量。正是这个张量造成了偏振旋转，从而使宇宙微波背景辐射的极化呈现为 B 模式。

　　由于标量源不能产生偏振旋转，因此引起 B 模式的源应是引力场，也就是原初引力波，否则我们不知道在宇宙哪个地方出现了天体扰动。原初引力波引起的极化不是偶然行为。

　　若测到 B 模式，那就找到了存在原初引力波的直接证据。暴胀模型预言了密度扰动的功率谱，目前已经有了很精确的测量结果，因此人们经常用引力波的功率谱与密度扰动功率谱的比值来标识是否存在原初引力波。

E 模式可由密度涨落引起，对应的极化是标量，而 B 模式是螺旋状的，因而一定对应张量，因为标量无法描述旋转。张量与标量之比，定义为 r 值，即可表示引力波的幅度。原则上排除前景污染后，测到的 r 值就是 B 模式的结果，而不是误差涨落。

宇宙微波背景辐射的偏振和电磁学课堂上所讲的偏振是完全不同的。课堂上所讲的偏振是指电磁波在真空中传播时，电场、磁场和传播方向互相垂直，既可以是线偏振，即电场和磁场有固定的方向，也可以是圆偏振，也就是电场和磁场的相位差为 $\pi/2$。

BICEP2 合作组曾在 2014 年向公众宣布探测到了宇宙微波背景辐射的极化。图 8–5 所示的，就是计算机对数据进行处理的结果。

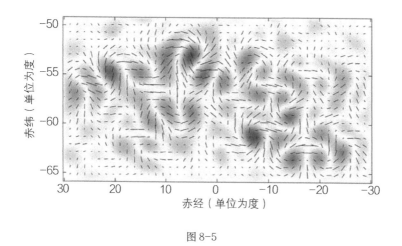

图 8-5

　　该结果明显为 B 模式，因而他们宣布探测到了原初引力波。若这个成果被验证，当然是了不起的成就。然而，天文学和宇宙学领域的很多同行认为 BICEP2 合作组在处理本底背景数据时使用的方法有问题，结果不可信。

　　本底是"foreground"而不是"background"，因为观测结果会受到位于其前面的物质的影响。在实际观测中，研究人员需排除银河系内的极化尘埃辐射所造成的前景污染。

BICEP2 合作组不甘心失败，他们的基本观测手段和数据处理方法都是非常先进的，而且几乎所有的理论物理学家和宇宙学家都相信古斯的暴胀理论。无论如何，他们的工作进一步激发了人们探寻原初引力波的热情。

我国在阿里地区建立了原初引力波观测站。阿里天文观测基地在北半球，BICEP2 合作组在南极进行观测，二者是有互补作用的。BICEP2 合作组使用的天文望远镜架设在南极冰穹上，那里的海拔约为 3000 米。与此相比，原初引力波望远镜阿里 1 号所处的海拔为 5250 米，阿里 2 号会建在海拔 6000 米以上。由于高海拔避免了很多污染和干扰，因此阿里计划比 BICEP2 项目更具优势。

原初引力波的波源干扰由极高能量的量子涨落引起，发生在很小的空间尺度上。倘若真能证明原初引力波的存在，就可以证明大爆炸后的暴胀机制的合理性。

对原初引力波的探测相当困难。幸运的是，我国的阿里天文观测基地在这方面的相关研究已经取得了初步的进展。我们期待全世界各大观测站尽快给出关于原初引力波的数据，推动人类对初期宇宙状态的认识，特别是增强关于量子物理如何影响宇宙形成的认识。

第 9 章

时间有方向吗

"四方上下曰宇，往古来今曰宙。"本章着重探讨"时间"。在普通人的认知中，时间就是时钟、日历指示的数字。时钟的指针只是单向地稳步向前转，日历总是过完一天才翻下一篇。不管你有多着急，时钟和日历都在按自己的步伐前进，我们也一天天地变老。这个规律从古至今没有人能打破，正所谓："人事有代谢，往来成古今。"

在各种穿越剧里，现代人由于机缘巧合或刻意为之被送到古代，做出一番经天纬地的大事业，但又不能在历史中留下痕迹——故事好难编啊！据我们所知，最早的穿越小说是美国知名作家马克·吐温写的：一个生活在 19 世纪的美国工匠在一次争斗中被打伤后穿越到英国亚瑟王朝。在马克·吐温的妙笔之下，精彩的故事呈现在读者眼前。当然，这种情节是违反物理学基本规律的，属于天马行空的幻想。

啊，等一等，穿越是否真的无法实现？现代的物理学是否完全不给这种离经叛道的学说留有余地呢？

时间之箭

关于"时间旅行""穿越"等概念的物理考量都归根于一个基本的原则——时间箭头，也叫"时间之箭"。

人们根据以往的观测，先验地认为时间是有方向的。其实在微观层面上，没有已知的物理定律有着单一的方向性，那为何人们觉得时间在朝着单一的方向流逝？

在牛顿 – 伽利略时空变换图像中，时间变换和空间变换不同，前者是单独定义的：

$$x' = x - vt \ , \quad t' = t$$

在这种时空观下，空间和时间互相独立，井水不犯河水。但爱因斯坦提出狭义相对论后，事情就不一样了。相对论指出，时间和空间是紧紧相连的，单纯讨论时间而不顾及空间是没有意义的，反之亦然。时间和空间构成了一个四维矢量 $(x, y, z, \mathrm{i}ct)$，在现代场论中往往用 (x_0, x_1, x_2, x_3) 描述。这个描述需要引入不同的度规，这里就不详述了。

注意，第四维——时间——是虚数。尽管时间和空间一起构成四维矢量，但二者还是有区别的：时间是有箭头的。

请看图9-1。在讨论黑洞的形成时，这是非常经典的图。要了解时间的本质，我们就要详尽地研究图中的圆锥。圆锥的纵轴对应的是时间，横轴对应的是空间。实际上，它是三维的，但我们在纸上画不出三维空间，只能用二维平面来呈现，请你自己想象扩展到三维的情景。

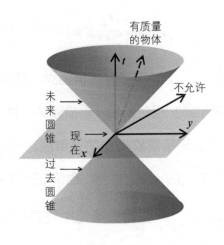

图9-1

真空中的光速 c 是不变量。圆锥的顶点对应着某一个事件，该事件的发生会对未来产生影响。这个锥面的外切线对应顶点发出的光的传播路线。我们可以将锥内任意点和顶点连接，它们的连线所对应的速度 $v < c$，因而彼此间可以存在关联。但是圆锥外的点（事件）和圆锥顶点的连线对应的传播速度 $v > c$，这与相对论是不一致的。简言之，只有在圆锥内的时空点对应的事件可以和圆锥顶点对应的事件产生因果关系，在圆锥外的时空点则不会和顶点发生关联。如果顶点代表某个事件，比如一起谋杀，那么在圆锥外时空点的人将无法受到影响，因为他们有不在场的证据。

根据广义相对论，大质量天体使空间向纵轴方向弯曲，直到锥面平行于纵轴，那么光线就不会扩展到空间部分，即横轴方向的分量为 0，于是黑洞就形成了。

上下圆锥是完全对称的。上面的圆锥对应的是顶点的未来，而下面的圆锥对应的是顶点的过去。

宇宙中的最大速度是真空中的光速。在这样的前提下，由于时空圆锥的限制，时间不能倒流，过去圆锥和未来圆锥只在顶点相交。过去圆锥中代表某个事件的点绝对不能越过顶点而受未来圆锥中代表某个事件的点的影响，这就是因果律。

霍金指出：至少存在 3 个时间箭头，将过去和未来区分开来，它们就是热力学箭头、心理学箭头和宇宙学箭头。

心理学箭头最直观，和我们日常生活的经验最相符，那就是我们只能记住过去，而不是未来。这很好理解，还没发生的事，是不能记住的，这样确实区分了过去和未来。

宇宙学箭头是说，我们这个宇宙在膨胀而不是收缩，箭头方向是膨胀的方向，而不是收缩的方向。但这个判断有点儿含糊。如果有些理论的预言是真的，那么宇宙未来也可能真的会收缩。但那时候的时间还是会往前走，只不过当宇宙收缩时，时间箭头应该变成收缩的方向，但谁知道那时的时钟是怎么个走法呢？

热力学箭头是最"物理"的，也就是物理学家真正信服的标准。它是基于热力学第二定律的"熵增"。熵增可以说是物理学中最重要的原则之一，可以应用到物理学的各个分支，乃至其他学科，比如化学、生物学、哲学、经济学、社会学，也许还包括艺术。玻尔兹曼在热力学熵的研究上创造了最辉煌的一章。

熵增加原理

热力学第一定律，也叫能量守恒定律，它是物理学中最基本的规律，可以用一个公式来表示：

$$\Delta U = Q - W$$

其中，ΔU 代表物体（气体、液体或固体）内能的改变，内能可以是温度和应力状态的函数；Q 代表系统吸收和释放的热量，W 代表系统对外做的功。"第一定律"的观测效应是很明显的，它要求能量守恒，但不能判断过程进行的方向。

热力学第二定律告诉了我们热量的流动方向——从高温区流向低温区。首先你要知道，机械能可以完全转换成热能，但反之不行，热能不能完全转换成机械能，也就是说蒸汽机的效率达不到100%。这就是功变热的不可逆性。再者，理想气体绝热膨胀也存在不可逆性。打个比方，气体只能从一个小容器中流出并向周边膨胀，而不可能出现气体突然收缩回到这个小容器中的现象。

人们发现，所有这些不可逆的过程都是互相关联的。熵增加原理，也称熵增定律，便是对热力学第二定律最为贴切的表述。

在孤立系统中，那些自发的过程是不可逆的，表现在不能用任何方法由末态回到初态而不引起其他的变化。"熵"是对系统混乱程度的一种度量，它的存在就跟我们丈量一个物体的尺度是一样的，只不过它是物理系统的"混乱度"；"熵增"过程即由"有序"向"无序"自发变化的过程。物质是由更小的单元构成的，比如宏观上的一只茶杯，有形状、有体积，但从微观上看，它是一大堆分子的堆积。这么多的分子怎么可能稳稳当当地待在原地不运动？事实上，它们在不断运动，只不过宏观条件限制了它们的混乱度。

设想一个箱子被一块隔板分成相同的两半（见图9-2）。

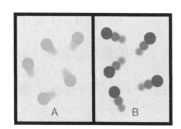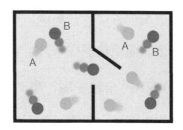

图 9-2

左边是气体分子A，右边是气体分子B。隔板打开后，左边和右边的气体分子会互相扩散。一定时间后，左右两边各包含一半的混合气体分子，这遵循了"等概率原理"。两种气体分子会不会突然全都回到自己原来的那半部分空间？从概率论的角度看，这是一种可能性，但发生的概率太小了，不知道小数点后要加多少个0才够。

那怎么用数学公式来体现呢？我们先要熟悉一个名称——配容。假如有4个球分别标号为1、2、3和4，可以分别放进A和B两个盒子：将1、2和3号球放进A盒子，将4号球放进B盒子，就是一种配容；将1、2、4放进A，将3放进B，就是另一种配容；将1和2放进A，将3和4放进B，就得到一种新的配容。用中学数学知识就可以很容易地算出一共有多少种可能的组合。例如，不管标号的话，两个粒子在A中，两个在B中的总配容数是6。那6.02×10^{23}个粒子呢？事实上，每一个粒子待在左边或右边的概率是一样的。先假定它在左边，如果要求第二个粒子也在左边，概率就是：

$$\left(\frac{1}{2}\right)^2 = \frac{1}{4}$$

让6.02×10^{23}个粒子都在左边，这个概率就是：

$$\left(\frac{1}{2}\right)^{6.02 \times 10^{23}}$$

这个数有多小，你做梦都想不出来。虽然所有粒子都在一边是很整齐有序的，但自然界不支持这种有序。因此我们自然会得出这样的结论：自然界是倾向于混乱的，并且越混乱越现实。前面举的不可逆过程的例子就说明了这一点。机械运动多有规律啊，而热能是由分子的无规则的混乱运动平均值决定的，过程显然不可逆，因为混乱的状态优先。

这样看就很明显了，配容数越大，混乱度就越高。德国物理学家鲁道夫·克劳修斯提出了一个状态函数——熵。玻尔兹曼则提出了熵的微观表达式：

$$S = k \ln \Omega$$

其中，k 是玻尔兹曼常数，Ω 是配容数。显然，配容数越大，状态越混乱，熵值就越大。这反映了自然界中的一条规则——一个孤立系统倾向于向无序的状态发展，熵永不减少。我们在下一章讨论宇宙的归宿时还要回顾这个至关重要的规则。

有了时间箭头的定义，我们才可以判断宇宙怎么演化，或者说向何方演化。理论上，熵是可以减少的，也就是说存在负熵。我们用一个简单公式来说明，不感兴趣的读者完全可以忽略它，直接跳到结论。熵变可以是：

$$\Delta S = \int \frac{\mathrm{d}Q}{T}$$

如果外界输入的 $\mathrm{d}Q$ 是负的，熵就可以减少。熵要是能减少，时间箭头就可能紊乱。但是宇宙是一个孤立系统，没有外界存在，因而真实宇宙中的熵不可能减少。

与之相关的还有一个重要概念——信息熵，它是对一个事件的不确定性的度量。信息可以用它所排除的不确定性来度量，而不确定性又以信息熵为表征。

通俗来讲，就是读书可以增加知识量，书读得越多，得到的信息量也越大，信息熵就越小。那么读书可以使熵减少吗？霍金曾指出，即使一个人读书获取知识，这也是他大脑与感官活动的结果。大脑工作需要能量，而能量需要通过吃东西来补充。这样的热过程会产生大量的熵，远远超过通过获得知识而减少的熵。总之，从自然界总体看，熵永远是增加的，时间箭头不会翻转。

讲完熵增定律，就不得不提因果律，我们通常将二者结合起来讨论。那么，宇宙的因果律又是怎么体现的呢？

从"大爆炸"开始，万物创生是一个循序渐进的过程。不产生质子、中子，就无法形成原子核；没有涨落造成的物质聚集，就不可能有星云。这里我们要澄清一个概念：星云的形成，体现了宇宙中的某种秩序，有了秩序，混乱度就会降低，由于涨落出现了有序结构，那么是否这个过程意味着宇宙熵在减少呢？显然不是。这和通过读书减少信息熵的同时需要吃东西来补充能量，从而产生大量的熵一样，星云聚集的过程中产生的大量宇宙熵，远远超过星云形成带来的秩序引起的熵减。

等一等，这里所说的所有预测都是根据我们在地球上的观测以及所做的实验总结出来的。但扩展到远比地球大的宇宙，是否适用呢？这是个涉及哲学的大问题，也许是伪命题。总之，我们今天还没有能力给出准确的答案。下一章，我们讨论宇宙的归宿时还会回到这个问题上来。

虫洞

李政道和杨振宁两位先生的工作给物理学家开启了一扇大门，原来被认为是金科玉律的原则也是可以打破的。李政道先生指出："对称展示宇宙之美，不对称生成宇宙之实。"也就是说，现代物理学赖以生存的对称性并不能保证绝对的守恒。在这个思想的鼓舞下，理论家开始设想打破原有框架的束缚，考虑破缺可能带来的现象学结果。这些被攻击的守恒律中就包括"洛伦兹协变性"，它可是狭义相对论的基础哦！打破了它，狭义相对论就会面临挑战！另外，破坏了宇称对称性、电荷对称性或时间反演对称性，也是"要命"的事。而最离奇的是对因果律的破坏，比如"虫洞理论"，它要求宇宙中存在大于光速的传播速度。

正如我们前面所说的，所有的物理公式都是时间反演不变的，也就是可逆的。我们通过一个例子来说明。

一个球从初始位置自由落下，如果地面和球之间发生弹性碰撞，那么，这个球会沿原路反弹回初始位置。也就是说，对单个物体，无论是经典的还是量子的，如果没有特别的条件（例如地面是软的，球落地时的动能会被地面吸收一部分）制约，整个过程是可逆的。但如果是大量的球落下，就一定会出现可逆性被破坏的结果。就单个粒子而言，所有机械过程都是可逆的（摩擦的本质也是大量分子的相互作用），就像经典力学所预言的，扔向天空的小球，降落时的运动状态与扔出时恰好相反。大量分子的集体运动则不然，这种宏观过程是具有方向性且不可逆的，其统计规律符合熵增加原理。经典力学和量子力学都遵从统计规律，因而没有奇迹——破坏因果律——发生。但是否可以大胆想象，宇宙中有些过程就不受统计规律的限制？虫洞理论就是其中之一。

　　理论家假设宇宙的不同时空点之间乃至不同宇宙的时空点之间存在一条通道，那就是虫洞。虫洞的历史可以追溯到 1935 年，爱因斯坦和他的助手内森·罗森从广义相对论方程出发，得到了一个特殊的解，它描述的是唯一一个严格球对称并且其中不含任何引力的虫洞，被称为爱因斯坦 – 罗森桥。实际上，在此之前，爱因斯坦发表广义相对论方程之后不久，奥地利科学家路德维希·弗拉姆便得出了这个结果，只不过他的研究一直没有受到人们的重视，而爱因斯坦和罗森则重新得出了他的结论。因此，爱因斯坦 – 罗森桥又被称为"弗拉姆虫洞"。弗拉姆虫洞是首个从理论推导出的虫洞，它本身是三维的，但我们可以从中间截取下它的切片，如图 9–3 所示。此时，宇宙是一个曲面，空余的部分属于更高维的空间（超体），而喉咙状的空洞便是连接宇宙两点的桥梁——爱因斯坦 – 罗森桥。若想从 A 星球到 B 星球，我们可以通过这座桥梁直接到达，而不必绕上一大圈。但这样一来，因果律就会被破坏。霍金在他的《时间简史》中给出了一个简单易懂的例子。

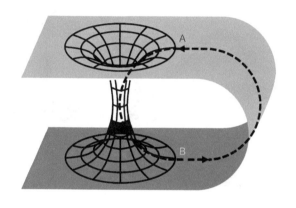

图 9-3

如图 9-4 所示，A 星球正在开运动会，百米短跑冠军在庆祝胜利。这时一个人通过 1 号虫洞把结果发给 B 星球上的人，B 星球上的人再通过 2 号虫洞将该信息返回给 A 星球上的人。这是在百米短跑比赛出发时空点的下半个时空圆锥内，也就是在运动员夺冠之前的时刻。那么，百米短跑比赛还没有开始，结果就已经确定，因果律显然被破坏了。从逻辑上，我们不相信存在因果律被破坏的情形，但也许宇宙会和我们开玩笑。

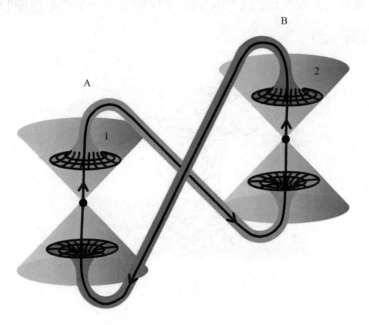

图 9-4

　　宇宙中确实还有很多奥秘等着我们深入研究，很多问题的确是匪夷所思的，我们利用当前的科技水平还远远达不到理解它们的程度，我们的实践经验和伦理观念不允许我们接受像虫洞这样破坏因果律的物理，但是科学的进步往往会给我们带来意想不到的惊喜或灾难，新研究成果的出现会全面改变我们的宇宙观，就如吴健雄等人证实宇称在弱相互作用中不守恒的实验结果震惊了朗道、费曼和泡利等大科学家。毕竟，物理学的基础是实验，宇宙学的基础是观测，而不是理论，哪怕是已经建立好的理论。

第 10 章

宇宙的归宿

掷出一枚硬币，得到的不是"字"就是"花"，二者不会同时显现。量子力学中的波粒二象性也是一样。你在测量光子时，不是测到波动性，如双缝实验中出现干涉条纹，就是测到粒子性，如屏幕上出现光点。自然界要求两个"相"都存在，至于暂时居于哪个相，是有一定概率的，这就是自然界的基本结构。就像"薛定谔的猫"是生还是死，在打开箱盖之前是无法判定的。

生和死是两个对立而又统一的相位，既然有生，就应该有死，宇宙也是一样。在古老的概念中，宇是不变的空间，允许各种事件在其中发生；宙是绝对的时间，不断流逝。

其实 19 世纪的物理学老前辈就关注类似的问题了，并诞生了有名的"热寂说"。

热寂——万物之终结

如果两个物体接触，即使不一定是实体接触，它们的温度也会趋于一致。久而久之，宇宙中所有物质的温度都会趋于一致，所有的运动都会停止，也就是"物理死亡"。我们称这一状态为"热寂"。但量子力学建立后，科学家指出，从不确定性原理出发，绝对的平衡状态是不可能达到的，因此宇宙也不会真正寂静，而会是"一波未平，一波又起"。我们前面讨论过恒星的死亡，它们有可能成为白矮星、中子星，而后又通过吸附周围宇宙物质或相互并合成为新的恒星、星云，生生死死的过程确实在不断上演。

再看熵增加原理。在上一章，我们详细讨论了这个命题，一个孤立系统的熵永远是增加的。我们的宇宙当然是一个孤立系统，它的熵永远在增加。那么问题来了：这个"增"有个头儿没有？这类问题目前是无解的，因为没有负熵存在。只有当宇宙有了尽头，出现负熵时，才会达到一个完美的终结。但物理学并没有给出熵的上限值，而且，熵是经典物理量，有了量子力学，很多经典的概念不再适用，这个"热寂"概念就要重新审视了。但如果我们仅仅停留在经典物理学范围内（宇宙学基本是经典物理理论，只有在处理涨落、黑洞辐射、暴胀过程的引力扰动和原初引力波的形成等问题时才涉及量子力学），确实有很多疑问是解释不清的，所以进入量子力学层次是不可避免的。只不过在很多相关问题中，我们还不知怎么引入量子的概念，特别是我们还不会在宇宙尺度上做与量子力学相关的计算。

宇宙足够平坦吗

现在，让我们从经典宇宙学的视角来看看宇宙的归宿。

我们都熟悉经典物理学中的第一、第二宇宙速度。当飞船的发射速度达到 7.9 km/s 的第一宇宙速度时，地球引力提供向心力，飞船就成了地球的卫星（当然是忽略空气阻力的近似结果），不会掉下来。当发射速度达到 11.2 km/s 的第二宇宙速度时，飞船就会脱离地球，在太阳系中翱翔。这个速度就是在地球上发射飞船的临界速度。

与此类似，宇宙学中也存在这样的临界状态，如图 10-1 所示。

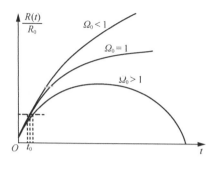

图 10-1

　　让我们来详细讲解一下，Ω_0 是一个无量纲的关键参数，表示宇宙密度与临界密度。$\Omega_0 > 1$ 表示宇宙会收缩到原点。$\Omega_0 < 1$ 表示宇宙的膨胀没有限制，将向无穷大扩展。当 $\Omega_0 = 1$ 时，宇宙则会一直膨胀下去，直至速度趋于零。所以 $\Omega_0 = 1$ 是宇宙演化的临界条件。你也许注意到了图中左下角的 t_0，也就是宇宙的今天。在这个时刻，3 条线几乎重合，因此很难明确判断我们的宇宙处在哪一条线上。目前的观测值比较倾向于宇宙密度接近临界值，也就是它似乎更接近平坦状态。不过，今天的观测数据和精度还不足以让科学家确认这个结论。当然，在图 10-1 中的时间标度都是几亿、几十亿甚至几百亿年，所以不

能等时间流逝再进行观测和比较，因为我们等不到那时。

　　从直接观测结果来看，今天的研究者还不能判断宇宙的最终归宿，因而理论探讨也许是我们唯一能做的。霍金曾给出了相应的图像，但也仅仅是具有一定可能性的预言。从图 10-2 中，我们看到霍金预言的宇宙会有两种截然不同的归宿。一种对应开放宇宙，也就是我们上面讨论的 $\Omega_0 < 1$ 的情形；另一种是 $\Omega_0 > 1$ 的情形，宇宙坍缩回原初状态。

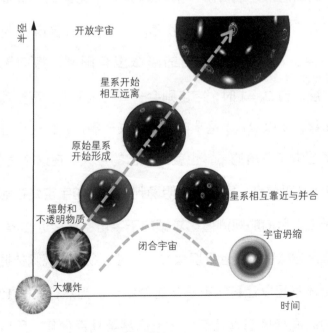

图 10-2

奇点

"奇点"的概念在牛顿力学和经典电动力学中均有涉及。在这个点上，它的引力势能或电势在 $r \to 0$ 处的极限是无穷大：

$$\frac{1}{r} \to \infty$$

可物理研究中不能有无穷大，因为那没有意义。当然，牛顿力学和经典电动力学中的点粒子和点电荷都是一种近似，到更深层次时看到的就不是"点"了，而是一个很密集的分布。因此在经典物理学中，真正的奇点是不存在的。

但是到了场论范畴，故事就得另讲了。1964 年，彭罗斯和霍金在广义相对论框架下证明，只要坍缩物质的能量是非负的，黑洞就能够形成，且其中存在一个奇点，彭罗斯因此获得了诺贝尔物理学奖。霍金根据他的理论，给出结论：宇宙的奇点只出现在宇宙诞生和死亡的时刻。创生时刻就是"大爆炸"，在这之前，宇宙就是个奇点，拥有无限大的能量和无限高的温度，此时不存在任何物理过程。在奇点，没有物理规律，也没有物质结构，但它的爆发产生了宇宙万物。引申一下，宇宙末日是否意味着一切都像掉入黑洞那样消失了？其实，科学家对物体携带的信息在掉入黑洞后是否丢失有过很多争论，但并没有完全令人信服的结论，因为我们无法实地验证。

后来，霍金对奇点的存在性起了怀疑，因为量子力学中的不确定性原理指出，粒子的动量和位置不能同时确定。数学式为 $\Delta x \cdot \Delta p_x \geqslant \hbar / 2$，其中，$\Delta x$ 代表粒子位置的不确定性，Δp_x 代表粒子动量的不确定性，$\hbar$ 是约化普朗克常数（$h / (2\pi)$）。这个很奇妙的关系表达了微观量子世界和宏观世界中的物理规律的本质区别。在经典力学中，假如你能让一支削尖了的铅笔直立，在没有外力的影响下，铅笔会永远直立。但在量子世界则不可能做到这一点，因为如果要让它立在原地，则意味着 $\Delta x \to 0$，那么 $\Delta p_x \to \infty$，也就是端头摆动的速度会非常大，那还怎么立得住?

于是霍金就猜想，奇点是让位置固定（$\Delta x \to 0$），那它的膨胀速度就变得很大，根本不可能稳定。所以奇点理论只适用于宏观世界，在量子世界中是不是仍能适用，则是个未解的问题。如果真是这样，大爆炸理论是否也有待怀疑? 是否真能存在那么个极端高温和高密度的稳定奇点? 此外，量子力学中还有个"量子化"的原则，即有些变化是被禁止的。例如，原子中的电子必须待在确定的轨道上，要让它跃迁到其他轨道，必须要外界提供特定能量的扰动。因此，对于奇点是否存在，以及它如何与量子理论相协调的问题，还需要进一步深入研究。

暗能量

另一个非常令人困惑的问题是暗能量的起源。瑞典皇家科学院宣布将 2011 年诺贝尔物理学奖授予索尔·珀尔马特、布赖恩·施密特和亚当·里斯，以表彰他们取得的一项震惊世界的科学发现：宇宙正在加速膨胀！爱因斯坦曾为了在理论上让宇宙保持稳定而引入宇宙常数 Λ，但当爱因斯坦得知哈勃发现宇宙在膨胀的事实后，非常后悔引入 Λ，认为这是他毕生最大的错误之一。然而，我们在宇宙中尚未发现反引力，那么由于宇宙物质间存在引力，即使宇宙不塌陷，也只能是膨胀得越来越慢。因此，要使宇宙膨胀具有加速度，必定存在某种推动力。它显然不是星际的核反应（在恒星内部，热核反应使恒星保持稳定或膨胀），因为我们没看见周围有无数核爆炸。那么是什么力驱动着宇宙加速膨胀呢？我们能想到的就是宇宙常数 Λ。Λ 是什么？它是真空能量密度。

在这里，请让我们补充一个概念。经典物理学中真空的含义就是什么都没有，但这个论点显然是不准确的，因为人们早就认识到了"真空不空"。将两块很大的金属板放在真空中，我们发现它们间有微弱的吸引力。这是由于真空中充满自由的电磁场，这被称为卡西米尔效应（见图10-3）。

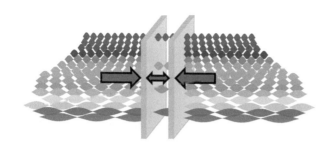

图 10-3

　　狄拉克在推导量子力学公式时得到了一个重要的推论：一个具有负能量的电子可以通过一个光子和一个邻近原子的碰撞从真空中被赶出来，其真空中的空穴相当于一个负能量、带负电的粒子，也就相当于获得了一个正能量、带正电的粒子。由此，狄拉克预言了正电子的存在。几年后，正电子由物理学家卡尔·安德森在宇宙线中发现，预言获得证实。

　　上述具有负能量的电子集合被称为狄拉克海，但其本质是对正电子存在的预言，只不过我们只有在它被激发时才能观测到它。由于量子场论的关系，我们不需要用狄拉克海来解释正电子的产生，但这个真空海的概念是需要认真对待的。因为"真空不空",所以它可以有能量,或许就是所谓暗能量。至于这个能量是由什么携带的(如电磁场能量是由光子携带的),是粒子还是什么我们不知道的物质,目前仍是个未解之谜,但总可以用真空能量密度 Λ 来表征暗能量。暗能量很可能就是量子真空的特定性质,它不需要什么场来携带。

现在宇宙学的标准模型是 ΛCDM,其中, Λ 对应暗能量密度, CDM 对应冷暗物质(Cold Dark Matter),它们占据了宇宙总质量的 95% 左右(四舍五入的近似结果,见图 10-4),但科学家对它们的本质还知之甚少。

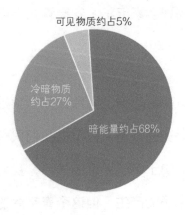

图 10-4

真空能量密度的存在的确能解释宇宙的加速膨胀，但也带来了很多问题。Λ 的观测值很小，如果它对应相变标度，那它比所知的申弱相变标度小一百多个数量级，因而很不自然。一个更大的麻烦在于，Λ 是真空能量密度，当宇宙体积比较小时，它带来的暗能量效应并不显著。但宇宙在膨胀，体积不断变大，真空能量效应变得越来越重要，导致宇宙加速膨胀。这就是为什么我们在对早期宇宙的观测中没有看到宇宙加速的迹象，而经历数十亿年的岁月蹉跎后，宇宙才开始加速膨胀。如果这个理论是正确的，那么宇宙膨胀会越来越快，这和霍金等人对宇宙未来的描述就有所不同了。

前些年，有理论家很悲观地预测，我们这个宇宙将来会被撕裂。也就是说，现在看到的遥远天体结构在离我们远去的速度超过光速后，我们将永远不可能再观测到它们。当然，我们的银河系整体还会安然无恙，因为局部的引力作用远远超过真空能量的排斥作用。后者只在宇宙的大尺度结构中起作用。

如果我们的宇宙被撕裂，它能否"活下去"？或者某些局部的次级宇宙会先死亡？这就很难预测了。这不是一个连续的过程，而是会出现如相变那样的阶跃，甚至是否会出现混沌现象都是犹未可知的。

总之，我们根据目前的观测和已有的理论大胆地预测宇宙的未来乃至它的终结都是不太可靠的。我们的宇宙在"大爆炸"后存在了约 138 亿年，宇宙中的任何变化都至少要几亿年、几十亿年，我们的须臾生命是不够长到观测任何新的宇宙效应了。

第 11 章

回顾与总结

人类目前对宇宙了解了多少？还有多少是我们不知道的？我们还期望知道什么？这些问题听上去很"呆萌"，却很现实。

拉普拉斯妖

两个世纪之前，法国天文学家、物理学家拉普拉斯就自豪地宣布："我们可以把宇宙现在的状态视为其过去的果以及未来的因。某时若有位智者通晓大自然一切物体的当下位置和作用力，只要其强大到足以解析这些数据，那么从宇宙中的最大天体到最小粒子的运动就都可以被囊括在一个简单的公式之中。对他而言，没有什么是不确定的，未来正如过去一般清晰可见。"这就是拉普拉斯决定论的完整表述，这位"无所不知的智者"后来便被人们称为"拉普拉斯妖"。

按拉普拉斯的说法，只要我们知道日月星辰当下的位置和动量，就能判断出它们在未来任意时刻的位置和动量。在拉普拉斯的时代，牛顿力学的成功使得当时的科学家认为物理学的发展已经到头了，他们可以将之应用于宇宙中的任何物理过程。

现在看来，这个断言显然是不对的。即便我们对物质世界的认识达到了非常高的水平，但与宇宙的尺度相比，我们也只是走进了一个前所未有的新阶段。

物理学的统一之路

物理学的研究实际上就包含两个基本要素：物质结构和相互作用。在深入探讨地球上可供研究的素材后，我们得到了对这两个要素几乎完美的理解。

组成物质的最基本"砖块"就是前面几章介绍的轻子，其中包括电子、μ 子、τ 子及其各自对应的中微子 ν_e、ν_μ、ν_τ，以及三代夸克。

在这些粒子之间传递相互作用的是规范玻色子，包括无

质量的光子 γ、胶子 g 以及有质量的 $W^\pm$ 玻色子和 Z^0 玻色子。

相互作用的标准模型是用规范场来描述的：

$$SU_c(3) \times SU_L(2) \times U_Y(1)$$

它们分别对应强相互作用和电弱相互作用。

规范场作为描述基本粒子间相互作用的理论，认定了基本粒子之间的相互作用可以用交换规范玻色子来实现。在量子电动力学中，我们认定电磁相互作用是通过带电粒子间交换 $U(1)$ 规范场的量子，也就是光子来实现的。

杨振宁和米尔斯将这一理论推广到更广阔的领域，即所谓"非阿贝尔群描述的相互作用"。根据这个原则，温伯格、格拉肖和萨拉姆构建了"电弱统一理论"；格罗斯、维尔切克和波利策建立了描述强相互作用的"量子色动力学"（英文缩写为 QCD）。现在除了引力还没有被纳入粒子物理的标准模型，强、弱、电磁相互作用都已被标准模型准确地描述了。

令人印象深刻的是，至今所有的实验结果都和标准模型的理论预言在误差允许范围内保持一致，这是前所未有的成功。但如何把引力也包括进来，还是个大问题。20 世纪末，甚嚣尘上的超弦理论试图做到这一点，但很可惜，除了很深奥的数学，它还没有得到任何实验的验证。至于将来能否建立统一强力、弱力、电磁力、引力的理论，是对 21 世纪理论家的挑战。

沿着时间回溯

人类在宇宙学理论和观测方面，有什么激动人心的新进展呢？

宇宙是从一个极端高温与高密度的奇点出发的，它经历了"大爆炸"以及之后的一个剧烈的量子相变过程，也就是暴胀，在极短的时间内膨胀到难以想象的规模。接着，宇宙就如哈勃定律所描述的那样膨胀开来，温度也随着体积的增大而下降。

哈勃定律称得上宇宙学中最重要的发现之一。不知道为什么哈勃没有被授予诺贝尔物理学奖，似乎有些意难平啊！今天宇宙学家所做的一切研究都基于这个伟大的发现，连爱因斯坦都被这个发现震惊进而修正了他的基础理论。

再后来，在各个时间（也可以说是温度）节点上，能量标度改变，新的物理现象出现了。特别值得注意的是，在暴胀阶段，量子涨落导致的原初引力波，是今天最受关注的研究热点之一。

我们还必须关注反粒子的消失，这个过程应该是在宇宙诞生后的很短时间内出现的。正反夸克（q 和 $\bar{q}$）与正反轻子（e^- 和 e^+）碰撞湮灭，只是由于 CP 破坏，极少量的电子 e^- 和组成质子的 ud 夸克留了下来，构成我们今天看到的普通物质世界的基础"砖块"。

当宇宙能量标度达到 $200 \sim 300$ MeV 时，夸克在胶子的牵引下结合成强子，从此自然界就不存在独立的夸克和胶子了。但是不是它们真的就无法重新获得自由了呢？也不一定。比如相对论性重离子碰撞实验会在短时间内产生一个极端高温和高密度的小区域，在这个区域内，夸克和胶子会暂时脱离束缚态，成为自由粒子。这个状态被称为夸克－胶子等离子体，其英文缩写为 QGP。美国布鲁克海文国家实验室（BNL）曾成功地在实验中实现了粒子的QGP 状态。这个装置的另一个引人入胜的目标是模拟早期宇宙。对应"大爆炸"，这个实验被称为"小爆炸"（Little Bang）。相关研究正在进行，相信很多结果确实是"大爆炸"的迷你版。

宇宙能量标度降到 0.1 MeV 左右时，原子核形成，此时宇宙中最主要的物质是氢和氦原子核，同时还包括核反应的产物氘和氚。氘的质子和中子的结合能为 2.2 MeV，正接近此时宇宙的能量标度。

有理论认为，反物质并没有消失，而是逃逸到了宇宙深处。如前所述，反物质在引力、发光等物理机制方面和普通物质没有区别，因而我们没法确认某个区域的恒星是否由反物质构成，除非反物质飞到我们的普通物质世界，被灵敏的人类仪器"看"到。

这必然是很稀有的事件。且不说反物质世界可能存在一个壁垒阻止反物质溢出，单是从隐匿的反物质世界到达我们的普通物质世界，也需要经历漫长的旅程。倘若途中碰到普通物质，它们就会湮灭成纯能量的光子，所以捕捉反物质的实验是很困难的。

在实验中，捕捉的对象是由两个反质子和两个反中子组成的反氦核（$\bar{p}\bar{p}\bar{n}\bar{n}$）。为什么必须是反氦核？这是因为宇宙线中有大量从碰撞中产生的反质子，我们不能分辨它们是否是逃逸过来的反氢核。但反氦核就完全不同了，在物质为主导的自然界，很难存在同时产生的 4 个由反夸克组成的核子，而且还束缚在一起，这个概率几乎为零。因而如果能捕捉到反氦核，我们就找到反物质世界存在的证据啦！丁肇中领导的 AMS 项目尝试发现这样的反氦粒子，从而对反物质消失理论做出明确判断。现在探测正在进行，希望能够得到确切的结论。

在这里必须说明，反氦核是有可能在实验室中制造出来的。在美国布鲁克海文国家实验室，马余刚领导的中国组就在重离子碰撞实验中获得了反氦事例。

接下来的一个重要的能量标度是 1 eV，它发生在"大爆炸"后的 38 万年。此时宇宙中的光子与原子中的电子退耦。在这个能量标度下，光子不能将原子中的电子激发成自由电子，因而光子成为自由粒子，构成了宇宙微波背景辐射。在这之前，宇宙处于等离子体状态，光子无法自由传播。

还记得吗？电子在原子中的束缚能为 –13.6 eV。根据麦克斯韦统计，即使温度低于 13.6 eV 对应的温度，仍有大量光子具有较高的能量，直到能量标度降到 1 eV 时才不会存在较多能量超过 13.6 eV 的光子。这一过程非常重要。

然后过了将近一亿年，由于宇宙密度的涨落，结团效应逐渐占了上风，恒星和星云形成了，它们的自引力克服了外界干扰，引力势能转换成内部氢原子和氦原子的动能，使它们开启了热核反应。反应产生的光子和中微子向外辐射，带走了大量能量，并产生了对抗自引力的压强，使恒星暂时维持在一个稳定的状态。但在亿万年后，当内部的氢和氦燃尽时，恒星便走向了死亡。大质量、中等质量和小质量的恒星，它们的死亡过程是不同的。最后的遗骸可以是黑洞、中子星，但大部分死亡恒星的遗骸是白矮星，再经过若干亿年的散热，冷却成为黑矮星。当然，如果碰到机会，它们可以通过与其他天体并合成较大质量的天体，重新燃烧起来，复活成新的恒星。

宇宙物质参与的物理过程循环往复，构成我们今天所观测到的星空。

物理学的两朵新"乌云"

我们对宇宙的过去了解了很多，然而，还有两大难题横亘在我们面前。第一，为什么宇宙中几乎没有反物质？

第二，暗物质和暗能量是什么？至今，这两个问题仍没有合理的解答，需要 21 世纪的物理学家在观测宇宙、进行高精度的实验以及数据与误差分析方面取得突破性的进展，甚至建立新的理论。

我们居住和赖以生存的地球与宇宙中的星云、恒星乃至行星相比，都是极为渺小的，说是"沧海一粟"都高抬它了。即使在太阳系中，地球也不是最大的行星，木星的质量就比地球大 300 多倍，而太阳的质量占整个太阳系总质量的 99.86%。这样看起来，地球还真的不算什么，尽管地球是岩石成分最多的行星。地球到太阳的距离大约是 1.5 亿千米，在我们看来这是天文数字，但在宇宙学中，光年才是更常用的距离单位。浩瀚的银河系，在宇宙星系的大家族中仍然算不了什么，若把直径约为 10 万光年的银河系放在直径超过 200 万光年的 IC1101 星系中，银河系仅仅是一个亮斑而已。

爱因斯坦曾经说过："宇宙中最不可思议的事，就是这宇宙竟然如此可思可议。"爱因斯坦曾把自己的理论称为

"宇宙的宗教"，其使命是探索"自然界里和思维世界里所显示出来的崇高庄严和不可思议的秩序"。

特别需要指出的是，宇宙学中的各种理论都没有经过实验进行直接的验证，最多是间接的验证。这是因为我们只能被动地观测而无法重复宇宙学中的实验条件。那么我们是否可以相信它们呢？这已经是个哲学问题了。我们之所以能相信并应用这些理论，是以地球上做的实验为根据，推断宇宙中发生了什么。

比如，天文观测告诉我们暗物质确实存在，而且一定参与引力作用，这说明它对应某种大质量天体的存在。但它是什么？在现有的理论中，我们还找不到合适的候选者。这说明现有的理论还需要更新和修正，或是需要建立全新的理论。再有，即使在地球上通过探测器确认了暗物质的存在，我们还是不能知道捕捉到的暗物质是什么。直到我们根据这些线索，利用大型加速器找到并确认它们的属性后才可以松一口气。是把它们归并到已知的粒子家族中，还是要确认它们是一种或多种新的粒子，例如超对称粒子，那可是诺贝尔物理学奖级的课题了。

根据目前所掌握的宇宙学知识，我们建立起了宇宙学的标准模型 ΛCDM，但无论是对其中作为真空能量密度的宇宙常数 Λ，还是对冷暗物质 CDM，我们今天都还在努力了解其中的秘密。

值得庆幸的是，除了理论家在不断构造新的理论去解释观测到的现象和预测新的可能性，更强大的探测装置的出现、实验手段的革新以及计算机性能的提升，均是进一步理解宇宙现象的有力支持。

展望

科学界提出了 21 世纪高能物理研究的 3 个前沿项目。

高能前沿。目前欧洲的大型强子对撞机（LHC）的质心能量为 14 TeV，而我国拟建的环形正负电子对撞机（CEPC）以及将来能量为 100 TeV 的超级质子 – 质子对撞机（SPPC）都期望打开位于高能区的新物理世界的大门。

精确前沿。争取在较低能量实验上完成精确的测量和相应的理论研究，比如非微扰 QCD、低能区反常等。

最后，就是宇宙学前沿了。

李政道先生教导我们："以天之语，解物之道。"也就是说，研究宇宙学必须和地球上（以及卫星和空间站）的实验结合起来。我们从宇宙学的研究中得到宝贵的信息，将之用在我们能直接进行的实验上，验证已有的理论，建立新的理论模型，期望得到突破。

我们今天的探测手段已经处于相当高的水平了，中国锦屏地下实验室、暗物质探测卫星、AMS 项目以及探测引力波的"太极"和"天琴"项目等相辅相成。希望我们能早些取得突破性的成果，对宇宙增加实质性的认识。路确实还很长，要一代又一代的物理学家不断地努力，才能取得真正的进步！

致谢

本书的创作得到了国家自然科学基金的支持（基金账号：11675082；11735010；12075125；12035009）。

我们要特别感谢本书的责任编辑赵轩先生，他对本书的出版起到重要作用。事实上，本书的书名就是他建议的。确实，我们也认为这是一个很有意思的选题。

这是一本介绍宇宙从诞生、演化到最终归宿的科普书，它能帮助那些对宇宙学感兴趣而有些欠缺物理知识的年轻读者了解宇宙学的基本思想和物理图像。为了让广大读者能对宇宙学中的技术问题有所了解，我们在本书中介绍了相关的背景知识。本书尽量避开烦琐的数学，我们的目标是给出清晰的物理图像，这也是霍金教给我们的。然而在几个关键问题上，要是不用数学来表达则是难以准确言表的。毕竟，物理学的进步是需要用数学来进行精确描述的。

在解释宇宙学中的精彩内容时，我们需要知道那些没有受过物理学专业培训的读者是否能接受，于是赵轩就成了我们的"超级"读者。只要他读到他不能接受的解释，我们就立马调整或更换讲解方式。我们真正体会到了给没受过专业培训的文科读者讲宇宙与物理学有多难。哈，好在我们总算一起翻过这些山丘啦！

此外，我们要感谢年轻又热情的物理教师万维为本书正文绘制了精致的插图，许多难以通过文字理解的知识在图片上能够直观地展示出来。感谢张俊莉女士为本书创作的油画，非常精准地表现了宇宙亦真亦幻的美。胡元女士为每一章创作的禅绕图，则富有规律又隐藏着变化，非常契合宇宙这一主题，为本书增色不少。还要感谢孙成义先生通读初稿，帮我们找出了其中的细节问题。

　　我们在本书中尽力将宇宙学中的精彩呈现给读者，希望无论是文科还是理科的读者都能欣赏到宇宙之美，庆幸我们生活在适合人类居住的星球上。只有这样，我们才可以书写悲欢离合、波澜壮阔的故事！